わかりやすい

コンピュータ 概論

小 　 宏 [著]
To

JN016549

森北出版

まえがき

　本書は，大学や高専における，情報系および電気電子系の学生を想定読者とした，コンピュータとネットワーク，そしてセキュリティについて広く浅く学べる入門的な教科書です．IoT，DX，深層学習などのキーワードに見られるように，近年，コンピュータサイエンス分野は急激な拡大を続けています．これに伴い，大学や高専などでの入門的な計算機教育においても，広い分野を満遍なくカバーすることが求められています．本書では，こうした社会的要請と，それに応じた大学や高専などでの教育カリキュラムの展開に対応するために，「広く浅くさまざまな話題をカバーする」ことを意図しています．

　本書の内容は，コンピュータの構成から始めて，情報科学の基礎である情報の表現，CPU の働きと構成，記憶装置，入出力装置，オペレーティングシステム，データベースやプログラミング言語処理系，コンピュータネットワーク，そしてセキュリティと，まさに「広く浅く」を実践する構成となります．

　また，上述の「広く浅くさまざまな話題をカバーする」というコンセプトに対応するために，細かな話題よりもシステム的な立場に重点を置き，概略を素早く理解できるような工夫をこらしました．具体的には，

- 章の冒頭に要点および学習到達点の目安として「この章の目標」を示す
- 重要な箇所などに 👉 を付ける
- 発展的内容や補足的な内容は Note として区別する
- 適宜例題を配置する
- 章末問題とそれに対する解答を用意する

などの工夫をしました．これにより，初学者にわかりやすいだけでなく，基礎知識がある程度ある方にも親しみやすい教科書となることを目指しています．

　本書の執筆にあたり，筆者の所属する福井大学での 30 年以上にわたる教育経験が大いに役立ちました．この場をお借りして，福井大学の学生および教職員の皆様に感謝を申し上げたいと思います．また，本書の実現には森北出版株式会社のご助力が不可欠でした．改めて感謝申し上げます．最後に，本書執筆を支えてくれた家族（洋子，研太郎，桃子，優）にも感謝したいと思います．

2023 年 8 月 　　　　　　　　　　　　　　　　　　　　　　　　　小高知宏

目次

第5章　オペレーティングシステム　76

第8章 コンピュータとセキュリティ 137

1 コンピュータの基礎

- □ コンピュータの基本構成を理解する. ➡ 1.1 節
- □ CPU, 記憶装置, 入出力装置の具体例を知る. ➡ 例題 1.1
- □ コンピュータ内部での情報 (数値, 文字, 音, 静止画, 動画) の表現方法を理解する. ➡ 1.2 節

1.1 コンピュータの構成

コンピュータの基本構成を図 1.1 に示す. 図に示すように, **コンピュータは, CPU** (Central Processing Unit, **中央処理装置**), **記憶装置**, **入力装置**, および **出力装置**から構成されている. 入力装置と出力装置は, 合わせて**入出力装置**ともよぶ.

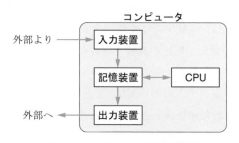

図 1.1 **コンピュータの基本構成**

CPU は, 機械語プログラムを実行することでさまざまな計算の処理を行うとともに, コンピュータ全体を制御する. 記憶装置は, CPU が実行する機械語プログラムを格納するとともに, 機械語プログラムの処理対象となるさまざまなデータを保持する. 入力装置はコンピュータ外部からデータを取り込み, 出力装置はコンピュータ内部のデータを外部に送り出す.

例題 1.1　以下の用語を，入力装置，出力装置，記憶装置のいずれかに分類せよ．

　　　SSD　HDD　キーボード　マウス　ディスプレイ　プリンタ　メモリ

[答え]　以下のように分類される．

入力装置	キーボード　マウス
出力装置	ディスプレイ　プリンタ
記憶装置	SSD　HDD　メモリ

なお，それぞれについて，詳しくは第3章および第4章を参照．

1.2 情報の表現

　コンピュータは元々は電子計算機のことであるが，現代のコンピュータは単なる計算機ではない．コンピュータでは，さまざまな種類の数値だけでなく，文字，音声，静止画，動画など，多様な情報を扱うことができる．以下では，こうした情報の表現方法を学ぶ．

1.2.1　2進数の利用

　現在のコンピュータでは，情報の内部表現として2**進数**を利用している．2進数は，0と1の二つの数字だけで数値を表現する記数法である．コンピュータ内部では0と1の値を，電圧の高低や電荷の有無，あるいは磁極の違い（N極またはS極）などで表現する．

　コンピュータシステムにおいては，2進数の1桁を**ビット** (bit) とよぶ．また，2進8桁，すなわち8ビットを**1バイト** (byte) とよぶ．

　ビットやバイトは，情報の表現においてはごく小さな量である．このため，実用的な情報量を表現するためには，非常に大きな数値を扱う必要がある．大きな数値を取り扱いやすくするために，**接頭語**が用いられる．

　表1.1 および表1.2 に，接頭語の例を示す．表1.1 は，10の累乗の系列についての接頭語であり，10^3 ごとに異なる接頭語が用意されている．表1.2 は，2の累乗の系列についての接頭語（2進接頭語）であり，2^{10} ごとに異なる接頭語が用意されている．なお，表1.2 に示した2の累乗の系列 (ki, Mi など) は実社会では必ずしも利用されておらず，表1.1 の表記 (k, M など) で代用される場合も多い．

表 1.1　**接頭語の例（10 の累乗の系列）**

記号	読み	意味
k	キロ	10^3
M	メガ	10^6
G	ギガ	10^9
T	テラ	10^{12}
P	ペタ	10^{15}
E	エクサ	10^{18}
Z	ゼタ	10^{21}
Y	ヨタ	10^{24}
R	ロナ	10^{27}
Q	クエタ	10^{30}

表 1.2　**接頭語の例（2 の累乗の系列）**

記号	読み	意味
ki	キビ	2^{10}
Mi	メビ	2^{20}
Gi	ギビ	2^{30}
Ti	テビ	2^{40}
Pi	ペビ	2^{50}
Ei	エクスビ	2^{60}
Zi	ゼビ	2^{70}
Yi	ヨビ	2^{80}
Ri	ロビ	2^{90}
Qi	クエビ	2^{100}

例題 1.2　1 Mi バイトは何バイトか．また，1 Ti バイトは何 Gi バイトか．それ
ぞれ答えよ．

[答え]
$$1 \text{ Mi バイト} = 2^{20} \text{ バイト} = 1{,}048{,}576 \text{ バイト}$$
$$1 \text{ Ti バイト} = 2^{10} \text{ Gi バイト} = 1{,}024 \text{ Gi バイト}$$

1.2.2　符号なし整数

符号なし 2 進整数は，0 と 1 の並びによって表現する．コンピュータ内部では
基本的に 2 進数を用いるが，2 進数をそのまま用いると桁数が大きくなり，不便
である．この場合，2 進数を 16 進数に変換して表現することも多い．

16 進数は，

$$0 \quad 1 \quad 2 \quad 3 \quad 4 \quad 5 \quad 6 \quad 7 \quad 8 \quad 9 \quad a \quad b \quad c \quad d \quad e \quad f$$

の 16 種類の記号を使って[†]，1 桁で 10 進の 0 から 15 の値を表現する記数法で
ある．16 進数の 1 桁は，2 進数の 4 桁と直接変換可能である（表 1.3）．

　以下では，つぎのように右下添え字を付けて表記することで，2 進数や 10 進数，
16 進数を区別して表現することとする．

$$(1101)_2 = (13)_{10}$$
$$= (d)_{16}$$

この例は，2 進数の「1101」が，10 進数の「13」および 16 進数の「d」と等しいこ

---

† 16 進数の表現におけるアルファベット a ～ f には，大文字の A ～ F を用いることもある．

表 1.3 2 進数，10 進数，16 進数の対応表

2 進数	10 進数	16 進数	2 進数	10 進数	16 進数
0	0	0	1101	13	d
1	1	1	1110	14	e
10	2	2	1111	15	f
11	3	3	10000	16	10
100	4	4	· · ·		
· · ·			1111111	127	7f
1000	8	8	10000000	128	80
1001	9	9	· · ·		
1010	10	a	11111111	255	ff
1011	11	b	100000000	256	100
1100	12	c			

とを示している.

例題 1.3

① $(11101)_2$ を 10 進数および 16 進数に変換せよ.

② $(120)_{10}$ を 2 進数および 16 進数に変換せよ.

[答え]

① 2 進数を 10 進数に変換するには，各位の数に重みを掛け足し合わせればよい.

$$(11101)_2 = (1 \times 2^4 + 1 \times 2^3 + 1 \times 2^2 + 0 \times 2^1 + 1 \times 2^0)_{10}$$
$$= (29)_{10}$$

2 進数を 16 進数に変換するには，2 進数の 4 桁を 16 進数の 1 桁に対応付ければよい.

$$(11101)_2 = (00011101)_2 = (0001\ 1101)_2$$
$$= (1d)_{16}$$

ここで，最初の等号では先頭に 0 を付け，4 の倍数桁にし，対応を見やすくしている.

② 10 進数を 2 進数に変換するには，10 進数を繰り返し 2 で除して，余りを逆順に並べればよい.

$$120 \div 2 = 60 \quad 余り 0$$
$$60 \div 2 = 30 \quad 余り 0$$
$$30 \div 2 = 15 \quad 余り 0$$
$$15 \div 2 = 7 \quad 余り 1$$
$$7 \div 2 = 3 \quad 余り 1$$
$$3 \div 2 = 1 \quad 余り 1$$
$$1 \div 2 = 0 \quad 余り 1$$

から，余りを逆順に並べて，

$$(120)_{10} = (1111000)_2$$

となる.

　10 進数を 16 進数に変換するには，10 進数を 16 で除して，余りを同様に並べればよい.

$$120 \div 16 = 7 \quad 余り 8$$
$$7 \div 16 = 0 \quad 余り 7$$

から

$$(120)_{10} = (78)_{16}$$

となる. しかし本設問の場合，先に 2 進数表現が求められているので，以下のように，2 進数から直接 16 進数に変換するほうが簡単である.

$$(120)_{10} = (1111000)_2 = (0111\ 1000)_2$$
$$= (78)_{16}$$

ここで，すでに求めた 2 進数の結果の先頭に 0 を付け，16 進数との対応を見やすくしている.

例題 1.4　つぎを計算せよ.

① $(11101)_2 + (10101)_2$

② $(1101)_2 \times (101)_2$

[答え]　2 進数や 16 進数の演算は，10 進数の場合と同様に行うことができる.

① $(11101)_2 + (10101)_2 = (110010)_2$

```
  11101
+ 10101
------
 110010
```

② $(1101)_2 \times (101)_2 = (1000001)_2$

```
   1101
×   101
------
   1101
   0000
  1101
-------
1000001
```

1.2.3　符号付き整数

　符号のある 2 進整数を表現する方法には，符号ビットと絶対値を用いる方法と，補数を用いる方法がある. 表 1.4 に表現例を示す.

　符号ビットと絶対値を用いる方法では，絶対値を表す 2 進数の先頭に 1 ビットの符号ビットを付加することで符号を表現する. 符号ビットには，通常，正（＋）に 0 を，負（−）に 1 を用いる.

　補数として 1 の補数を用いる方法では，負数を 1 の補数，すなわち 0 と 1 を反転した値で表現する. 表 1.4 の 4 ビットの例では，たとえば，

表 1.4　**符号付き 2 進整数の表現例（4 ビットによる表現）**

10 進表現	符号ビットと絶対値 （1 + 3 ビット）	1 の補数表現 （4 ビット）	2 の補数表現 （4 ビット）
+7	0111	0111	0111
+6	0110	0110	0110
+5	0101	0101	0101
+4	0100	0100	0100
+3	0011	0011	0011
+2	0010	0010	0010
+1	0001	0001	0001
0	0000	0000 および 1111	0000
−1	1001	1110	1111
−2	1010	1101	1110
−3	1011	1100	1101
−4	1100	1011	1100
−5	1101	1010	1011
−6	1110	1001	1010
−7	1111	1000	1001
−8			1000

$$+3 \quad 0011 \quad \rightarrow \quad -3 \quad 1100$$
$$+7 \quad 0111 \quad \rightarrow \quad -7 \quad 1000$$

のように，正の数の 0 と 1 を反転した表現を用いる．ただし，1 の補数表現では，ゼロの表現が 0000 と 1111 の 2 通りできてしまう欠点がある．

補数として **2 の補数** を用いる方法では，負数を，1 の補数表現に 1 を加えた値で表現する．たとえば表 1.4 の例では，

$$-3 \quad 1100（1 の補数表現）\rightarrow \quad 1101（2 の補数表現）$$
$$-7 \quad 1000（1 の補数表現）\rightarrow \quad 1001（2 の補数表現）$$

となる．2 の補数表現では，1 の補数表現と異なり，ゼロの表現は 1 通りとなる．また，符号と絶対値を用いた場合と比較して，コンピュータ内部の演算回路が簡単になる利点がある．

例題 1.5　8 桁の 2 進数を用いて，2 の補数表現によって 10 進の $(-1)_{10}$ を 2 進数で表現せよ．また，2 の補数表現によって 10 進の $(-16)_{10}$ を 2 進数で表現せよ．

[答え]　−1の絶対値は1であり，1を8桁の2進数で表現すると

　　　　00000001

である．0と1を反転させて1の補数表現を作成すると

　　　　11111110

となり，さらに，2の補数表現とするために1を加えると

　　　　11111111

となる．よって，$(-1)_{10}$ は2の補数表現によって 11111111 と表現できる．

　同様に，$(-16)_{10}$ の絶対値は16であり，8桁の2進数で表現すると

　　　　00010000

である．0と1を反転させて1の補数表現を作成すると

　　　　11101111

となり，さらに，2の補数表現とするために1を加えると

　　　　11110000

となる．よって，$(-16)_{10}$ は 11110000 と表現できる．

例題 1.6　8桁の2進数を用いて，2の補数表現によって，つぎのように数値を表現した．それぞれ，対応する符号付き10進数による表現を求めよ．

　① 00001111

　② 11000010

[答え]

① 先頭ビットが0なので，正の数を表現している．よって

$$(1 \times 2^3 + 1 \times 2^2 + 1 \times 2^1 + 1 \times 2^0)_{10} = (15)_{10}$$

となる．

② 先頭ビットが1なので，負の数を表現している．よって，符号は−（マイナス）であり，絶対値は0と1を反転して1を加えた値となる．

$$11000010 \xrightarrow[\text{0と1を反転}]{} 00111101 \xrightarrow[\text{1を加える}]{} 00111110$$

よって，

$$-(111110)_2 = -(1 \times 2^5 + 1 \times 2^4 + 1 \times 2^3 + 1 \times 2^2 + 1 \times 2^1 + 0 \times 2^0)_{10}$$
$$= (-62)_{10}$$

となる．

1.2.4　**小数**

　2進数や16進数の**小数**は，小数点以下の各桁の重みを図1.2のように考える．図1.2 (a) より，2進小数 $(0.10111)_2$ を10進小数に変換すると，つぎのようになる．

0	.	1	0	1	1	1

2^0の位　　　　　2^{-1}の位　2^{-2}の位　2^{-3}の位　2^{-4}の位　2^{-5}の位

(a) 2 進小数 $(0.10111)_2$

0	.	3	a	f

16^0の位　　　　16^{-1}の位　16^{-2}の位　16^{-3}の位

(b) 16 進小数 $(0.3af)_{16}$

図 1.2　**2 進数や 16 進数の小数**

$$(0.10111)_2 = (1 \times 2^{-1} + 0 \times 2^{-2} + 1 \times 2^{-3} + 1 \times 2^{-4} + 1 \times 2^{-5})_{10}$$
$$= (0.5 + 0.125 + 0.0625 + 0.03125)_{10}$$
$$= (0.71875)_{10}$$

また，図 1.2 (b) より，16 進小数 $(0.3af)_{16}$ を 10 進小数に変換すると，つぎのようになる．

$$(0.3af)_{16} = (3 \times 16^{-1} + 10 \times 16^{-2} + 15 \times 16^{-3})_{10}$$
$$= (3 \times 0.0625 + 10 \times 0.00390625 + 15 \times 0.000244140625)_{10}$$
$$= (0.230224609375)_{10}$$

　10 進小数を 2 進数や 16 進数の小数に変換するには，10 進小数に 2 や 16 を乗じて，小数点以上に繰り上がった数値を順に並べればよい．たとえば，$(0.6875)_{10}$ を 2 進小数に変換するには，つぎのように計算する．

$$0.6875 \times 2 = \underline{1}.375$$
$$0.375 \times 2 = \underline{0}.75$$
$$0.75 \times 2 = \underline{1}.5$$
$$0.5 \times 2 = \underline{1}.0$$

以上より，小数点以上に繰り上がった数値を順に並べて，

$$(0.6875)_{10} = (0.1011)_2$$

となる．

　2 進小数と 16 進小数は，2 進 4 桁を 16 進 1 桁に対応付けることで相互変換可能である．たとえば $(0.10111)_2$ は，$(1011)_2 = (b)_{16}$，$(1000)_2 = (8)_{16}$ なので

$$(0.10111)_2 = (0.1011\ 1000)_2$$
$$= (0.b8)_{16}$$

となる. また, $(0.3af)_{16}$ は

$$(0.3af)_{16} = (0.0011\ 1010\ 1111)_2 = (0.001110101111)_2$$

となる.

例題 1.7 10 進小数 $(0.2)_{10}$ を 2 進小数に変換せよ.

[答え]

$$0.2 \times 2 = \underline{0}.4$$
$$0.4 \times 2 = \underline{0}.8$$
$$0.8 \times 2 = \underline{1}.6$$
$$0.6 \times 2 = \underline{1}.2$$
$$0.2 \times 2 = \underline{0}.4$$
$$0.4 \times 2 = \underline{0}.8$$
$$0.8 \times 2 = \underline{1}.6$$
$$0.6 \times 2 = \underline{1}.2$$

・・・(以下繰り返し)

以上より, 小数点以上に繰り上がった数値を順に並べて,

$$(0.2)_{10} = (0.001100110011\cdots)_2$$

となり, 10 進小数 $(0.2)_{10}$ は 2 進数では無限小数 (0011 が繰り返す循環小数) となることがわかる.

1.2.5 浮動小数点数

浮動小数点数は, 科学技術計算において, ある一定の有効数字を有する数値を, その大小にかかわらず一律のビット数で表現することのできる表現方法である.

浮動小数点数の表現は, つぎのような指数を含んだ数値表現である.

$$(-1)^s \times f \times r^e$$

ここで,

s：数全体の符号 (0 で正, 1 で負)

e：指数 (補数などを用いた正負の整数)

f：仮数 $(0 \le f < 1)$

r：基数 (通常, 2 または 16 を用いる)

である.

同じコンピュータの内部では通常, **基数** r には同じ値を用いる. このため, 基数 r は同じコンピュータの内部ではその都度記録する必要はなく, 省略可能である. そこで, 浮動小数点数を表現する際には, 数全体の符号 s, **仮数** f, および

指数 e を2進数で表現し，これらを適当な順番で並べて記述すればよい．並べる順番は任意であるが，一般に，符号 s，指数 e，仮数 f の順に並べることが多い．

例題 1.8　数値を16ビットの浮動小数点数として，つぎの形式で表現する[†]．

$$(-1)^s \times f \times r^e$$

ここで，

> s：数全体の符号（0で正，1で負，1ビット）
>
> e：指数（2の補数を用いた正負の整数，5ビット）
>
> f：仮数（$0 \leq f < 1$，10ビット）
>
> r：基数（ここでは2を用いる）

である．たとえば，

> 1000101000000000

は，数全体の符号 s が負 (1) であり，指数部 e のビット列 00010 が $(00010)_2$，すなわち10進の +2 を表し，仮数部 f のビット列 1000000000 は2進小数 $(0.1000000000)_2$，すなわち10進小数 0.5 を表しているので，

$$
\begin{aligned}
(-1)^s \times f \times r^e &= (-1)^1 \times (0.5)_{10} \times 2^2 \\
&= -0.5 \times 2^2 \\
&= -2
\end{aligned}
$$

となる．このとき，以下のビット列によって表現される数値を10進数で答えよ．

　① 0000011000000000

　② 1111111100000000

[答え]

① 与えられたビット列は以下のように解釈できる．

> 0 00001 1000000000
>
> s：0 → 正
>
> e：00001 → $(00001)_2 = (1)_{10}$
>
> f：1000000000 → $(0.1000000000)_2 = (0.5)_{10}$

よって，表現される浮動小数点数は

$$
\begin{aligned}
(-1)^s \times f \times r^e &= (-1)^0 \times (0.5)_{10} \times 2^1 \\
&= +0.5 \times 2^1 \\
&= +1
\end{aligned}
$$

である．

[†]　後述する IEEE 754 における，半精度表現と同様のビット配列である．

② ①と同様に，以下のように解釈できる．

> 1 11111 1100000000
>
> s：1 → 負
>
> e：11111 → 先頭ビットが 1 なので負の数，絶対値は $(00001)_2 = (1)_{10}$
>
> f：1100000000 → $(0.1100000000)_2 = (0.75)_{10}$

よって，表現される浮動小数点数は

$$
\begin{aligned}
(-1)^s \times f \times r^e &= (-1)^1 \times (0.75)_{10} \times 2^{-1} \\
&= -0.75 \times 2^{-1} \\
&= -0.375
\end{aligned}
$$

である．

Note 正規化・けち表現

　　浮動小数点数による数値の表現においては，有効数字の桁数を最大化するために，仮数部の最上位ビットが 1 となるように指数と仮数を調整する．この作業を**正規化**とよぶ．

　　たとえば，例題 1.8 の記述方法を用いて $(0.375)_{10}$ を浮動小数点数で表現する場合，

$$
\begin{aligned}
(0.375)_{10} &= (-1)^0 \times (0.375)_{10} \times 2^0 \\
&= (-1)^0 \times (0.011)_2 \times 2^0
\end{aligned}
$$

となる．よって，

> s：0　　　e：00000　　　f：0110000000

であるが，このままでは仮数部の最上位ビットは 0 となり，有効数字の桁数が損なわれる．そこで，つぎのように指数と仮数を調整する．

$$
(-1)^0 \times (0.011)_2 \times 2^0 = (-1)^0 \times (0.11)_2 \times 2^{-1}
$$

よって，

> s：0　　　e：11111　　　f：1100000000

である．こうすると，仮数部の最上位ビットは 1 となり，有効数字の桁数が最大となる．

　　ところで，計算の最後に必ず正規化をしてからその結果を保存すると決めると，保存されたデータの仮数部の最上位ビットは必ず 1 になる．したがって，正規化されたデータの最上位ビットを保存する必要はなく，代わりに最下位に 1 桁数値を追加することができる．こうすると，2 進 1 桁分だけ有効数字を増やすことができる．このような表現方法を**けち表現**とよぶ．

Note IEEE 754 による浮動小数点数

　IEEE 754 は，浮動小数点数の表現に関する国際標準規格であり，現在多くのコンピュータで利用されている．IEEE 754 による浮動小数点数の表現方式の一例を表 1.5 に示す．

表 1.5　IEEE 754 による浮動小数点数の表現方式（代表例）

全体のビット長（呼称）	符号ビット長	指数部ビット長	仮数部ビット長[†1]
16（半精度）	1	5	10
32（単精度）	1	8	23
64（倍精度）	1	11	52
128（四倍精度）	1	15	112

　IEEE 754 では，浮動小数点数の表現方法だけでなく，無限大や非数[†2] などの通常の数として表現できない数の表現方法や，浮動小数点計算におけるさまざまな演算方法などについても規定している．

1.2.6　文字の表現

　コンピュータ内部ではすべての情報が 2 進数で表現されており，文字も同様である．文字を 2 進数で表現する方法を**文字コード体系**，あるいは単に**文字コード**とよぶ．

　表 1.6 に，よく利用される文字コードの例を示す．

表 1.6　文字コードの例

名称	説明
JIS X 0201	7 ビットまたは 8 ビットで 1 文字を表現する文字コード．英数字記号やカタカナ（いわゆる半角文字）の表現に利用される．
JIS X 0208	2 バイト（14 ビット）で 1 文字を標記する，いわゆる JIS 漢字コード．古くからパーソナルコンピュータ（PC）で用いられているシフト JIS 漢字コードも，JIS X 0208 で標準化されている．
Unicode	世界中の文字を一元的に表現するための文字コード体系．その一種である UTF-8 は，1 バイトから 4 バイトの可変長で 1 文字を表現する．UTF-8 は，Windows や Unix 系，あるいは Java などで広く利用されている．
EUC	UNIX 上で用いられてきた文字コード．1 バイトから 3 バイトで 1 文字を表現する．

[†1] IEEE 754 では，正規化した数を表現する際には，けち表現を用いる．

[†2] NaN（Not a Number）．0 を 0 で割った結果など，数値として表現できない計算結果を意味する．

　文字コードによる文字の表現例として，表 1.7 に JIS X 0201 の 7 ビット文字コード表を示す．JIS X 0201 では，7 ビットの数値により一つの文字を表現する．たとえば大文字の「A」は，表の上欄の 100 で始まる列にあり，表の左欄の 0001 となる行に対応している．そこで，大文字の「A」は，

$$(1000001)_2$$

という 7 桁の 2 進数で表現される．これは 16 進数では，

$$(41)_{16}$$

と表現できる．同様に，小文字の「n」は，

$$(1101110)_2 = (6e)_{16}$$

と表現できる．

表 1.7 　JIS X 0201 の 7 ビット文字コード表

	000	001	010	011	100	101	110	111
0000	NUL	DLE		0	@	P	`	p
0001	SOH	DC1	!	1	A	Q	a	q
0010	STK	DC2	"	2	B	R	b	r
0011	EXT	DC3	#	3	C	S	c	s
0100	EOT	DC4	$	4	D	T	d	t
0101	ENQ	NAK	%	5	E	U	e	u
0110	ACK	SYN	&	6	F	V	f	v
0111	BEL	ETB	'	7	G	W	g	w
1000	BS	CAN	(	8	H	X	h	x
1001	HT	EM	)	9	I	Y	i	y
1010	LF	SUB	*	:	J	Z	j	z
1011	VT	ESC	+	;	K	[	k	{
1100	FF	FS	,	<	L	¥	l		
1101	CR	GS	-	=	M	]	m	}
1110	SO	RS	.	>	N	^	n	‾
1111	SI	US	/	?	O	_	o	DEL

　なお，表中で $(000\ 0000)_2 \sim (001\ 1111)_2$ および $(111\ 1111)_2$ には 2 文字から 3 文字のアルファベットが記述されているが，これらは制御信号を表現するコードである．また，$(010\ 0000)_2$ は何も書いていないが，これは空白記号を表す．

1.2.7　マルチメディアの表現

コンピュータ内部では，画像や音，動画などに代表されるマルチメディアデータについても，すべて2進数で表現する．このためには，コンピュータへの取り込みに **A/D 変換（アナログディジタル変換）** が，コンピュータから外部への出力に **D/A 変換（ディジタルアナログ変換）** が必要となる．

(1) 音データの表現

図 1.3 に，音信号に代表される 1 次元時系列データの A/D 変換の概念を示す．図 1.3 (a) で，グラフの曲線は入力データとなる音データ（アナログ信号）を表している．図では，横軸方向を時間とし，縦軸方向を音圧としている．A/D 変換においては，適当な時間間隔，すなわち **サンプリング周期** ごとにデータを調べて，そのときの値を離散的なディジタル値で表現する．この時間間隔ごとにデータを抽出する操作を **標本化**（sampling）とよび，抽出した値を離散値にする操作を **量子化** とよぶ．その結果，図 1.3 (b) のように，とびとびの時間間隔ごとに，不連続な数値で表された音圧値が取り出される．

(a) 入力データ（1 次元時系列データ）

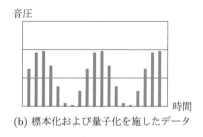

(b) 標本化および量子化を施したデータ

図 1.3　**1 次元時系列データの A/D 変換**

コンピュータから外部に 1 次元時系列データを出力する D/A 変換においては，量子化されたデータをサンプリング周期ごとに出力することで，元のアナログ信号と似た信号を作ることができる．

標本化および量子化の処理においては，サンプリング周期を短くして量子化ビット数を多くするほうが，元のアナログ信号をより忠実に表現することができるが，A/D 変換によって得られるデータ量は多くなる．代表的な音データの表現方法である CD（コンパクトディスク）では，サンプリング周波数が 44.1 kHz であり，量子化ビット数は 16 ビットである．

例題 1.9　サンプリング周波数 44.1 kHz，量子化ビット数 16 ビットで音信号を A/D 変換した場合，10 分間のモノラル音信号のデータ量は何バイトか求めよ．

[答え]　サンプリング周波数 44.1 kHz では，1 秒間に 44100 回データを取得する．各データは 16 ビット，すなわち 2 バイトであるから，1 秒間のデータ量は，

$$44100 \text{ 回/秒} \times 2 \text{ バイト} = 88200 \text{ バイト/秒}$$

となる．10 分間，すなわち 600 秒間では，

$$88200 \text{ バイト/秒} \times 600 \text{ 秒} = 52{,}920{,}000 \text{ バイト}$$

となる．

(2) 静止画像の表現

静止画像のような 2 次元アナログデータを A/D 変換するには，空間的に標本化を行い，それぞれの点の輝度を求めて量子化すればよい．図 1.4 に，2 次元アナログデータの A/D 変換の原理を示す．

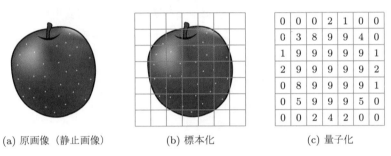

(a) 原画像（静止画像）　　　(b) 標本化　　　(c) 量子化

図 1.4　**2 次元アナログデータ（静止画像）の A/D 変換**

図 1.4 (a) のような 2 次元画像のデータを，A/D 変換によってコンピュータに取り込むことを考える．まず，(b) のように縦横のマス目で画像を区切ることで，2 次元画像を空間的に標本化する．このとき，標本化によって得られた各マス目に対応する点を**ピクセル**とよぶ．つぎに，それぞれのピクセルの輝度値を量子化することで，輝度に対応する数値を求める．こうして求めた数値の集合が，2 次元画像に対応したコンピュータ内部における画像の表現である（図 1.4 (c)）．

静止画の量子化において，ピクセルごとのデータ表現方法にはさまざまな方法がある（図 1.5）．たとえば，1 ピクセルを 1 ビットで表現する方法では，A/D 変換後の画像データは粗いモノクロ画像（白黒画像）になる．このような画像を**二値画像**とよぶ．また，ピクセルの輝度を 2 値ではない（たとえば 256 値の）数値で表すと，濃淡画像（グレースケール画像）となる．さらに，ピクセルの輝度

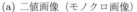

(a) 二値画像（モノクロ画像）   (b) 濃淡画像（グレースケール画像）

図 1.5　静止画像の表現方法（二値画像と濃淡画像）

を光の三原色である赤 (r)，緑 (g)，および青 (b) の輝度に分解して変換し，それぞれの値を数値で表すとカラー画像となる．

例題 1.10　ある静止画像は，横 1920 ピクセル，縦 1080 ピクセル[†] で構成されているという．この静止画像について，以下のそれぞれの場合のデータ量を求めよ．

① 二値画像（各ピクセルを 1 ビットの濃淡値（2 値）で表現）

② モノクロ濃淡画像（各ピクセルを 8 ビットの濃淡値で表現）

③ カラー画像（各ピクセルを赤緑青それぞれ 8 ビットの濃淡値で表現）

[答え]

① $1920 \times 1080 = 2073600$ ビット $= 259200$ バイト（約 253 ki バイト）

② $1920 \times 1080 \times 8 = 16588800$ ビット $= 2073600$ バイト（約 2 Mi バイト）

③ $1920 \times 1080 \times 8 \times 3 = 49766400$ ビット $= 6220800$ バイト（約 6 Mi バイト）

(3) 動画像の表現

動画像は，静止画像を時間軸方向に並べることで表現できる．図 1.6 に複数の静止画像による動画像の表現方法を示す．

時間

図 1.6　複数の静止画像による動画像の表現

---

† この画像サイズをフルハイビジョン（フル HD）とよぶ．

　動画像を表現する場合，時間軸方向へ並べる静止画像の枚数は，1秒間に数十枚程度が必要である．1秒あたりの静止画像の枚数を**フレームレート**（fps）とよぶ．映画では約 24 fps が採用されており，日本のテレビ放送では約 30 fps が一般的である．また，より高画質な 4K テレビでは約 60 fps を用いており，さらに高精細な 8K テレビでは，規格上 120 fps の利用が可能である．

例題 1.11　横 1920 ピクセル，縦 1080 ピクセルのサイズのカラー画像（各ピクセルを赤緑青それぞれ 8 ビットの濃淡値で表現）からなる 30 fps の動画を，10 分間記録した場合のデータ量を求めよ．

[答え]　横 1920 ピクセル，縦 1080 ピクセルのサイズのカラー画像（各ピクセルを赤緑青それぞれ 8 ビットの濃淡値で表現）は，1 枚あたり

$$1920 \times 1080 \times 8 \times 3 = 49766400 \text{ ビット} = 6220800 \text{ バイト}$$

である．30 fps の動画を 10 分間記録すると，

$$6220800 \text{ バイト} \times 30 \times 10 \times 60 = 111{,}974{,}400{,}000 \text{ バイト}$$

となり，約 104 Gi バイトとなる．

(4) 静止画像や動画像の圧縮

Check!☞　静止画像や動画像はデータ量が多いため，適当な方法で**圧縮**する必要がある．静止画像の圧縮には，JPEG とよばれる方式がよく用いられる．JPEG は，画像を小さな区画（ブロック）に分割し，ブロック単位でその内部の細かい変化を省略するなどの方法でデータを圧縮する．このため，画像データを JPEG によって圧縮すると，画質が損なわれ，元に戻すことはできない．このような圧縮方法を**非可逆圧縮**とよぶ．

Check!☞　動画の圧縮には，MPEG-2 や MPEG-4 などの方式が用いられる．MPEG-2 は，日本におけるディジタルテレビ放送や，DVD-Video などで用いられている．MPEG-4 は MPEG-2 よりも新しい規格であり，より効率的な動画圧縮が可能である．MPEG-4 は，動画や音声の取り扱いや，ファイルの形式など広範な内容を含んだ規格である．その中の動画圧縮方法に関する規格である MPEG-4 AVC/H.264 は，動画圧縮の標準的な規格として広く利用されている．

🖋 章末問題 ••

1.1 つぎの表 1.8 は，2 進，10 進および 16 進の符号なし整数について，同じ値の数値が同じ行に並ぶように配置したものである．空欄①〜⑥に入る数値を求めよ．

表 1.8

2 進	10 進	16 進
11011110	①	②
③	192	④
⑤	⑥	aa

1.2 以下の数値について，16 ビットの 2 進数で表現せよ．ただし，2 の補数による表現を用いること．

① $(+32767)_{10}$

② $(-1)_{10}$

③ $(-32768)_{10}$

1.3 2 進小数 $(0.1101)_2$ を，10 進小数および 16 進小数に変換せよ．

1.4 10 進小数 $(0.1)_{10}$ を，2 進小数および 16 進小数に変換せよ．

1.5 数値を 16 ビットの浮動小数点数で，つぎに表す形式で表現する．

$$(-1)^s \times f \times r^e$$

ここで，

s：数全体の符号（0 で正，1 で負，1 ビット）

e：指数（2 の補数を用いた正負の整数，5 ビット）

f：仮数（$0 \leq f < 1$，10 ビット）

r：基数（ここでは 2 を用いる）

である．このとき，10 進数 $(-0.09375)_{10}$ を，正規化したうえでビット表現せよ．

1.6 JIS X 0201 文字コードを用いて，つぎの文字列を 16 進数で表現せよ．

printf("Hello!");

1.7 横 7680 ピクセル，縦 4320 ピクセルのサイズ†のカラー画像（各ピクセルを赤緑青それぞれ 8 ビットの濃淡値で表現）からなる 60 fps の動画を，10 分間記録した場合のデータ量を求めよ．ただし，データの圧縮は行わない（無圧縮）とする．

---

† この画像サイズを 8K とよぶ．

2 CPU（中央処理装置）

\この章の目標/

□ コンピュータの制御と演算を司る，コンピュータの中心部分である CPU（中央処理装置）について学ぶ.

□ 機械語命令の実行や機械語命令の種類を概観し，CPU の働きを理解する.
➡ 2.1 節

□ CPU の内部構造や，割り込み処理の概念を理解する. ➡ 2.2 節

□ CPU の高度化技法として，パイプライン処理，スーパースカラ，マルチコア，マルチプロセッサなどについて知る. ➡ 2.3 節

2.1 CPU の働き

　ここでは，CPU の動作を規定する機械語命令を手掛かりとして，CPU の基本的な働きについて学ぶ.

2.1.1 ノイマン型コンピュータの特徴

　現在使用されているコンピュータは，そのほとんどがノイマン型[†1] のコンピュータである. ノイマン型コンピュータの特徴を表 2.1 に示す.

　ノイマン型コンピュータでは，メモリ[†2] 上に配置された**機械語命令**を CPU が一つずつ取り出して実行する（図 2.1）. 機械語命令は演算や実行制御に関する指

表 2.1　**ノイマン型コンピュータの特徴**

(1)	プログラムをメモリに格納する（ストアドプログラム方式）
(2)	メモリ上で，データとプログラムの区別がない
(3)	CPU は，プログラムを順番に一つずつ実行する
(4)	そのほか（記憶装置は順番に番地をもった構成とする，など）

---

†1　20 世紀の万能の天才とよばれる，ジョン・フォン・ノイマンに由来する名称である.
†2　主記憶装置ともいう. 3.1 節，3.2 節を参照.

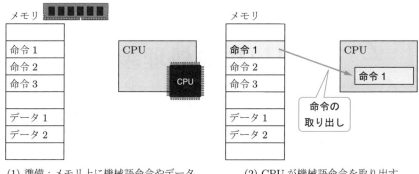

(1) 準備：メモリ上に機械語命令やデータを配置する

(2) CPU が機械語命令を取り出す

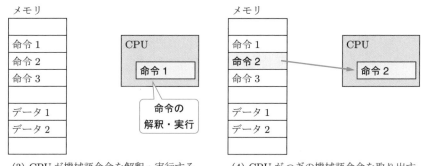

(3) CPU が機械語命令を解釈・実行する

(4) CPU がつぎの機械語命令を取り出す　以降，(3) と (4) を繰り返す

図 2.1　**ノイマン型コンピュータの基本動作**

示を記述した 2 進数の符号である．CPU が実行するプログラムは，機械語命令を並べた 2 進数の集まりであり，プログラムが処理対象とするデータも 2 進数の集まりである．

　ノイマン型コンピュータでは，原則として[†]機械語命令を一つずつ取り出しては解釈・実行する．このため，メモリと CPU の間のデータ転送速度によって，コンピュータ全体の実行速度が抑えられてしまう傾向がある．これを**フォン・ノイマンの隘路**とよぶ．

---

†　これは原則であり，後述するように実際には，同時並列的に機械語命令を実行するさまざまな工夫が導入されている．

2.1.2　機械語命令の種類

　CPU が実行する機械語命令は，CPU の種類ごとに異なっている．CPU によっ
ては，ごく単純な処理しかできないものや，ある程度複雑な処理を行えるものも
ある．しかし，一般に利用されている CPU では，データの転送や四則演算など，
ごく単純な機能を実現するだけの機械語命令しか用意されていないのが普通であ
る．表 2.2 に，一般的な機械語命令の種類と例を示す．

表 2.2　**機械語命令の種類と例**

分類	命令の例
データ転送命令	・CPU－メモリ間のデータ移動 ・CPU 内部のレジスタ間でのデータ移動 ・記憶装置の異なる番地間でのデータ移動（ブロック転送など）
算術演算命令	・インクリメント，デクリメント ・整数の四則演算 ・浮動小数点数の四則演算
論理演算命令	・基本論理演算（AND，OR，NOT など） ・シフト，ローテート
分岐命令	・無条件分岐 ・条件分岐 ・サブルーチン呼び出し
制御命令	・割り込み処理（スーパーバイザコール[†1] など） ・CPU の状態変更（特権状態とユーザ状態間の変更など） ・仮想記憶の制御 ・入出力制御

　表 2.2 で，**データ転送命令**は，メモリや CPU の間でデータを移動（コピー）
するための命令である．ノイマン型コンピュータでは，メモリは番地によって区
別される小区画から構成される．また，CPU 内部の一時的な記憶保管場所であ
るレジスタは，番号などで区別される．そこでデータ転送命令では，メモリの番
地とレジスタの番号を指定して，メモリからレジスタに値をコピーしたり，レジ
スタの値をメモリにコピーしたりする．

　算術演算命令は，加減乗除などの四則演算や，より基本的な演算であるインク
リメント[†2] やデクリメント[†3] を行うための命令である．

---

†1　表 2.6 を参照．
†2　値を増やす演算．
†3　値を減らす演算．

論理演算命令には，論理積（AND）や論理和（OR）などの基本論理演算のほか，ビットの配置を移動させるシフト命令やローテート命令がある．

分岐命令は，つぎに実行すべき機械語命令を取り出す番地を変更して，処理の流れを分岐させるための命令である．分岐命令には，無条件に処理の流れを変更する無条件分岐と，条件判定と組み合わせて一定の条件が成立した際に処理の流れを変更する条件分岐がある．また，特殊な分岐命令として，分岐先から戻ってくることのできるサブルーチン呼び出し命令がある．

制御命令は，割り込み処理や入出力制御など，コンピュータの制御に関係する命令である．

例題 2.1　以下は，ある CPU の機械語命令の説明である．この CPU では，機械語命令は，命令の種類を表すオペコード（8 ビット）と，操作対象を表すオペランド（8 ビット）から構成される．また，この CPU には，演算に利用することのできる CPU 内部のレジスタは一つしかない．表 2.3 に，この CPU のオペコードの一部を示す．

表 2.3　**オペコードの例**

オペコード	説明
00000001	オペランドの値を CPU 内部のレジスタに取り込む．
00000010	オペランドで指定した番地の内容を CPU 内部のレジスタに取り込む．
00010010	オペランドで指定した番地へ CPU 内部のレジスタの値を書き込む．
00100001	レジスタの値をインクリメント（オペランドは任意の値）．
00110001	レジスタの値をデクリメント（オペランドは任意の値）．
10010000	CPU の停止（オペランドは任意の値）．

この CPU を用いて，以下の機械語プログラムを上から下の順で実行した．これら三つの命令の実行後，メモリ 0 番地（00000000 番地）の内容はいくつになるか答えよ．

命令
00000001 00001000
00010010 00000000
10010000 00000000

[答え] 与えられた三つの命令から構成されるプログラムを順に実行すると，表2.4に示したような結果となる．したがって，メモリ0番地の内容は00001000となる．

表2.4 **プログラムの実行過程**

命令	命令の意味	実行結果
00000001 00001000	オペランドの値である00001000を，CPU内部のレジスタに取り込む．	レジスタの値が00001000になる．
00010010 00000000	オペランドで指定した00000000番地へCPU内部のレジスタの値である00001000を書き込む．	00000000番地の値が00001000になる．
10010000 00000000	CPUの停止．	CPUが停止し，プログラムが終了する．

2.2 CPU の構造と動作

CPUの動作を理解するためには，CPUの内部構造と各部の動作を知る必要がある．そこでここでは，CPUの一般的な内部構造とその動作を学ぶ．

2.2.1 CPU の内部構造

CPUの内部構造は，CPUの種類ごとに大きく異なる．それらの中から共通点を抜き出して一般的な内部構造としてまとめたものを図2.2に示す．また，図中の構成要素について，それぞれの役割を表2.5に示す．

2.2.2 CPU の動作

CPUは，メモリから機械語命令を取り出して，解釈・実行する．この過程を，CPUの各部の働きと関連させて説明する．

(1) 機械語命令の取り出し

図2.3に，機械語命令のメモリからの取り出し過程を示す．機械語命令の実行にあたっては，メモリに対してつぎに実行すべき機械語命令の取り出しを指示することで，メモリから機械語命令を取り出す必要がある．つぎに実行すべき機械語命令の格納番地は，CPU内部の**プログラムカウンタ**に記録されている．そこで，プログラムカウンタの値を内部アドレスバスに出力し（図2.3 ①），その値をMARにコピーする（図2.3 ②）．この後，つぎの機械語命令の取り出しの準備の

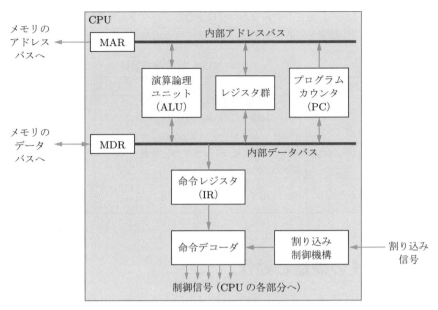

図 2.2　**CPU の一般的な内部構造**

表 2.5　**CPU 内部の構成要素の役割**

構成要素	役割
プログラムカウンタ（PC）†	つぎに実行すべき機械語命令が格納されたメモリの番地を保持する．
レジスタ群	計算の途中結果などを保持するための，CPU 内部の小容量の記憶装置．
演算論理ユニット（ALU）	四則演算や論理演算などを実行する計算回路．
MAR（メモリアドレスレジスタ）	CPU とメモリの間のアドレス情報のやり取りに利用する．
MDR（メモリデータレジスタ）	CPU とメモリの間のデータのやり取りに利用する．
命令レジスタ（IR）	メモリから送られてきた機械語命令の一時保存所．
命令デコーダ	機械語命令の解釈．
割り込み制御機構	割り込みの処理．
内部アドレスバス	CPU 内部でアドレス情報をやり取りするための共通信号線．
内部データバス	CPU 内部でデータをやり取りするための共通信号線．

---

†　プログラムカウンタ（PC）は，命令カウンタ（IC）あるいは逐次制御カウンタ（SCC）とよぶ場合もある．

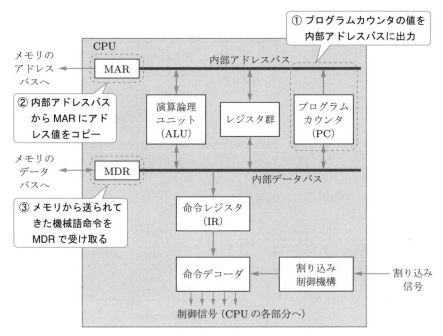

図2.3 つぎに実行すべき機械語命令の取り出し

ため，プログラムカウンタの値は自動的にインクリメントされる．

MARの値はメモリのアドレスバスに送られ，メモリはその番地に格納された機械語命令をデータバスに出力する．この命令はMDRに格納される（図2.3③）．以上の操作により，つぎに実行すべき機械語命令がMDRに格納される．

(2) 機械語命令の解釈

図2.4に，機械語命令の解釈過程を示す．MDRに格納された機械語命令は，内部データバスを経由して**命令レジスタ**（IR）に送られる（図2.4①）．さらに，命令レジスタ（IR）から命令デコーダに機械語命令がコピーされる．命令デコーダでは機械語命令の種類や機能を解釈して，CPUの制御方法を決定する（図2.4②）．

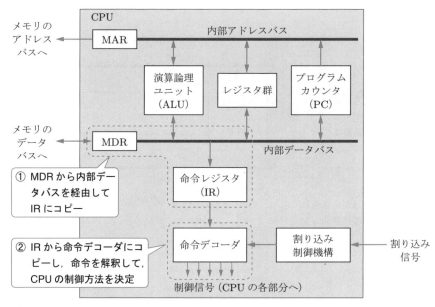

図2.4　**機械語命令の解釈**

(3) 機械語命令の実行

　以上の結果から機械語命令の実行方法が決定されたので，CPU の各部を制御することで機械語命令を実行する．実行内容は，機械語命令の種類によって大きく異なる．たとえば，メモリからレジスタへのデータ読み込み命令であれば，つぎのような手順により，メモリからレジスタへデータを読み込む．

　(3-1) 機械語命令のオペランドを解析することで，読み込むべきデータが格納されているメモリの番地を計算する．

　(3-2) MAR を経由して，メモリにアドレスを知らせる．

　(3-3) アドレスから送られてきた読み込み対象データを MDR に格納する．

　(3-4) MDR から内部データバスを経由して指定のレジスタへ値をコピーする．

なお，機械語命令の実行後，実行結果をメモリに書き込む必要があれば，書き込みに関する処理をこの後に行う必要がある．

例題2.2　機械語命令として，二つのレジスタ間での加算命令を実行する場合を考える．CPU の内部処理過程のうち，前述の (1) の機械語命令の取り出しと，(2) の機械語命令の解釈については，すべての機械語命令で共通である．(3) の機械語命令の実行については，加算命令の場合，おおむね以下の (ア) 〜 (ウ) の処理

を組み合わせて行われているという.

(ア) 加算対象となる二つのレジスタの値を, 内部データバスを通して論理演算ユニット (ALU) に与える.

(イ) 論理演算ユニット (ALU) の出力を, 内部データバスを通して結果を格納するレジスタに送る.

(ウ) 論理演算ユニット (ALU) を加算モードにセットする.

加算命令の場合の機械語命令を正しく実行させるには, (ア) 〜 (ウ) の処理をどのような順番で実行すればよいか答えよ.

[答え] (ウ) → (ア) → (イ)

なお, 二つのレジスタ間での加算命令を実行する場合, メモリへの結果の書き込みがなければ, 以上で処理は終了する.

2.2.3 割り込み処理

割り込み (interrupt)[†1] は, 割り込み信号によってプログラムの実行順序を変更する仕組みである. CPU が割り込み信号を受け付けると, プログラムカウンタ (PC) があらかじめ決められた番地に書き換えられ, その番地から格納されている割り込み処理プログラムが実行される.

割り込み処理の典型例は, キーボード割り込みである. たとえば, Windows のコマンドプロンプトや Linux のシェルを利用したプログラムを実行中に途中で強制終了する場合には, キーボードから特定のキーの組み合わせ[†2]を入力する. すると, プログラムが終了してコマンドプロンプトの入力受付状態に戻ることができる. これは, キー入力によって発生した割り込み信号が CPU に与えられたためである. 図2.5 に, 割り込み処理による無限ループの中断の例を示す.

割り込みは, **外部割り込み**と**内部割り込み**に大別される. 外部割り込みは, キーボードからの割り込み信号の入力のように, プログラムの実行と関係なく発生する信号による割り込みである. 内部割り込みは, プログラムの実行に伴って発生する割り込みであり, たとえば0による除算などの演算異常で発生する. 表2.6に, 割り込みの具体的な例を示す.

---

†1 カタカナでインタラプトと表記する場合もある.
†2 たとえば, コントロールキーを押しながら C を入力する (Ctrl + C). すると, プログラムは強制終了する.

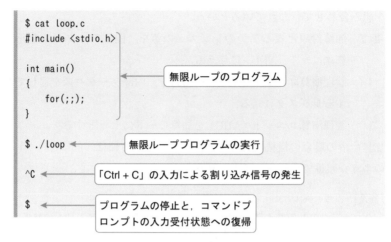

```
$ cat loop.c
#include <stdio.h>

int main()
{
    for(;;);
}

$ ./loop

^C

$
```

無限ループのプログラム

無限ループプログラムの実行

「Ctrl + C」の入力による割り込み信号の発生

プログラムの停止と，コマンドプロンプトの入力受付状態への復帰

図 2.5　**割り込み処理による無限ループの中断**

表 2.6　**割り込みの具体例**

種類	名称	説明
外部 割り込み	入出力割り込み	キーボードからの割り込みや，プリンタなどの周辺装置からの通知信号による割り込み，など.
	タイマ割り込み	プロセス制御[†1] などに用いる，インターバルタイマからの割り込み.
	CPU 制御割り込み	電源投入時のリセット信号など，CPU 制御のための割り込み.
内部 割り込み	演算異常	0 による除算などの演算異常が発生した場合の割り込み.
	機械語命令の不正実行	定義されていない機械語命令を実行する，など.
	スーパーバイザコール[†2]	オペレーティングシステムの機能を利用するためにアプリケーションプログラムが発生する割り込み.

例題 2.3　以下の①～⑥のうち，内部割り込みはどれか.

① プリンタによる印刷が終了したことによる割り込み

② インターバルタイマによるプロセス制御のための割り込み

③ リセット信号による割り込み

④ 計算結果のオーバーフローによる演算異常割り込み

⑤ 電源の異常による割り込み

⑥ キーボードからの入力信号による割り込み

---

†1 第5章を参照.
†2 第5章を参照.

[答え] ④

内部割り込み，すなわちプログラムの実行に伴って発生する割り込みは，④の演算異常による割り込みである．

2.2.4 命令デコーダの設計方法

機械語命令を解釈する命令デコーダの処理能力は，CPU 全体の処理能力に直結する重要な要素である．このため，命令デコーダの設計方法は，CPU 全体の設計に大きな影響を与える技術的要素である．

命令デコーダの設計方法には，大きく分けて，**ワイヤードロジック**†**方式**と**マイクロプログラム方式**の 2 種類がある（表 2.7）．

ワイヤードロジック方式では，命令デコーダを通常の電子回路で実装する．これに対してマイクロプログラム方式では，機械語命令をさらに細かいレベルのマイクロコードに分割して，マイクロコードを実行することで機械語命令を実行する．

ワイヤードロジック方式の命令デコーダは，ハードウェアの能力を最大限利用できるため，マイクロプログラム方式と比較して高速である．マイクロプログラム方式は実行速度では劣るものの，設計の容易さの点で有利であり，より高度な機械語命令の実装が可能である．また，設計変更や修正への対応が容易である点においても，マイクロプログラム方式はワイヤードロジック方式より有利である．

表 2.7 ワイヤードロジック方式とマイクロプログラム方式の比較

分類	実現方法	速度	設計の容易さ	設計変更や修正への対応
ワイヤードロジック方式	命令デコーダを通常の電子回路で実装する．	高速	比較的困難	困難
マイクロプログラム方式	機械語命令をマイクロコードに分割し，マイクロコードを実行する．	比較的低速	比較的容易	容易

---

† 配線論理，あるいは布線論理ともいう．

Note CISC と RISC

　命令デコーダの設計方法の違いから CPU を分類する場合がある．この場合，マイクロプログラム方式を採用する CPU を CISC（Complex Instruction Set Computer）とよび，ワイヤードロジック方式を採用する CPU を RISC（Reduced Instruction Set Computer）とよぶ．CISC では，マイクロプログラム方式により機械語命令を高度化し，少ない命令数で機械語プログラムを構成できるように工夫されている．これに対して RISC では，機械語命令を簡約化してワイヤードロジック方式により高速化をはかるとともに，CPU 内部にレジスタを多数配置してメモリアクセスを減らすなどのハードウェア上の工夫を加えることで，さらなる高速化を実現している．

2.3 CPU の高度化技法

　ここでは，CPU の高度化，すなわち処理の高速化や CPU の低消費電力化に関係する技術について述べる．

2.3.1　パイプライン処理とスーパースカラ

パイプライン処理は，処理回路を部分ごとに並列的に実行させることで処理の高速化をはかる手法である．以下では，機械語命令の実行における命令パイプラインについて説明する．

　図 2.6 では，機械語命令を実行する際に，CPU 内部で四つのステップ（命令の取り出し，解釈，実行，結果の格納）を経ている場合を考える．各ステップに10 ns（ナノ秒）の実行時間を要するとすると，パイプライン処理なしの普通の実行方法では，(a) のように，1 命令の実行に 40 ns の実行時間を要する．これに対して，各ステップを同時並列的に実行できるとすると，(b) のようにパイプライン処理が可能である．(b) の場合，最初の命令を取り出してから実行を終了するまでは同じく 40 ns 必要だが，2 番目以降の命令は 10 ns の間隔で処理が終了する．

スーパースカラは，CPU 内部の処理機構を複数用意して，それぞれに機械語命令を実行させることで高速化をはかる技術である（図 2.7）．スーパースカラを採用した CPU では，与えられた機械語命令を，その場で CPU 内部の処理機構に振り分けて並列的に実行する．

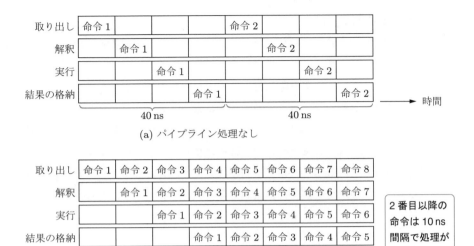

(a) パイプライン処理なし

2 番目以降の
命令は 10 ns
間隔で処理が
終了する

(b) パイプライン処理あり

図 2.6 **パイプライン処理**

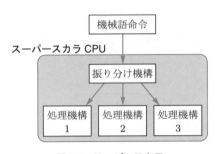

図 2.7 **スーパースカラ**

　命令パイプラインとスーパースカラは同時に実装可能であり，いずれも CPU の高速化に大きく寄与する技術である．

例題 2.4　パイプライン処理は，つねに実行可能であるとはいえず，機械語プログラムによっては実行できない場合もある．たとえば，条件判定を行ったうえでつぎの実行命令を選択する条件分岐命令を実行した場合のパイプライン処理について考察せよ．

[答え]　条件分岐命令を実行すると，条件分岐命令の処理が終了するまで，つぎに実行される機械語命令を決めることができない．このため，パイプライン処理を実行できなくなる．このような現象を，**ハザード**（パイプラインの乱れ）とよぶ．

Note 分岐予測と投機実行

　条件分岐命令によるパイプライン処理の速度低下を緩和するために，**分岐予測**と**投機実行**という仕組みを利用する場合がある．

　分岐予測とは，条件分岐において過去の履歴から分岐先を予測する手法である．また，投機実行とは，分岐予測の結果から条件判定が終了する前に予測された分岐先にある機械語命令をあらかじめ実行する仕組みである．予測が当たった場合には，投機実行の結果はそのまま利用され，パイプラインによる高速な処理が行われる．しかし予測がはずれた場合にはパイプライン処理が行えないので，改めて分岐先の機械語命令を実行し直すことになる．

Note VLIW

　VLIW（Very Long Instruction Word）は，複数の機械語命令をひとまとめにして一つの"とても長い機械語命令"を用いる高速化技法である．VLIWでは，スーパースカラと同様に，CPU内部に用意された複数の処理機構を用いて，複数の機械語命令を同時に実行する．スーパースカラと異なるのは，同時に実行すべき機械語命令を事前にひとまとめに詰め合わせておき，CPUは振り分けの判断をすることなく，並列的に実行する点にある（図2.8）．

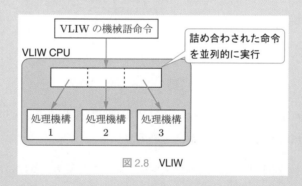

図2.8　**VLIW**

　VLIWでは事前に命令の詰め合わせを行うので，スーパースカラよりも並列性の解析が容易であり，より並列性の高い実行が可能である．ただし，命令の詰め合わせを担当する専用のコンパイラを利用する必要があり，スーパースカラと比較して汎用性が低下する．

2.3.2 マルチコア，マルチプロセッサ

マルチコアは，一つの IC パッケージの中に複数の**コア**（独立した CPU の機能をもった構成要素）を封入する技術である（図 2.9 (a)）．それぞれのコアは独立した CPU として動作できるので，1 個の CPU で複数のプログラムを同時に実行することができる．

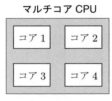

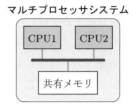

(a) マルチコア CPU（4 コア）　　(b) マルチプロセッサ（2CPU）

図 2.9　**マルチコアとマルチプロセッサ**

マルチプロセッサは，一つのコンピュータシステムに複数の CPU を搭載することで，複数のプログラムを並列的に実行させる仕組みである（図 2.9 (b)）．マルチコアのプロセッサを複数搭載してマルチプロセッサシステムを構築することも可能である．

マルチコアやマルチプロセッサの技術は，一つには，並列性を生かして処理の高速化をはかる目的で利用される．同時に，コンピュータシステムのピーク時の性能を保証しつつ，待機状態には余分なコアやプロセッサを休止させることで消費電力の削減をはかる，省電力化†を目的としても用いられる．

Note GPGPU

GPU（Graphics Processing Unit）は，本来，画像出力を担当する入出力装置である．GPU には画像出力に必要な並列計算機構が組み込まれている．その機構を一般的な数値計算に転用することで，数値計算を高速に実施することが可能である．このような仕組みを GPGPU（General Purpose computing on GPU）とよぶ．

GPGPU の仕組みを用いると，単純な計算を大量に繰り返すようなアプリケーションを高速に実行することができる．たとえば，人工知能におけるディー

---

†　スマートフォンにおけるマルチコアプロセッサの利用においては，省電力化が第一の目的となる．

プラーニングの分野では，GPGPU がよく用いられる．

2.3.3　デュアルシステム，デュプレックスシステム

とくに高信頼性が要求される場合には，コンピュータを 2 台組み合わせることで信頼性を向上させることがある．その手法として，デュアルシステムやデュプレックスシステムがある．

デュアルシステムでは，要求させる処理を 2 台のコンピュータで別々に処理し，結果を照合することで信頼性を向上させる（図 2.10 (a)）．つねに 2 重の処理を行うため処理コストは上昇するが，高い信頼性を得ることができる．これに対して**デュプレックスシステム**では，普段は 1 台のコンピュータで処理を行う[†1] が，トラブルが発生したらもう 1 台のコンピュータが処理を引き継ぐ[†2] ことで，システム全体として処理を続行できるようにする（図 2.10 (b)）．

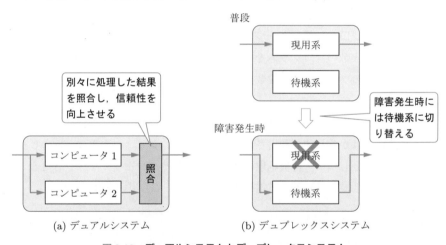

(a) デュアルシステム　　　　(b) デュプレックスシステム

図 2.10　デュアルシステムとデュプレックスシステム

デュプレックスシステムには，システムの運用形態の違いにより，ホットスタンバイ，ウォームスタンバイ，およびコールドスタンバイの方法がある．

ホットスタンバイでは，待機系でつねにアプリケーションソフトウェアを稼働させておき，現用系の障害発生時にはただちに待機系が処理を引き継ぐ．これに対して**コールドスタンバイ**では，待機系は電源を切っておく，または別のシステ

---

†1 このようなコンピュータを現用系とよぶ．
†2 このようなコンピュータを待機系とよぶ．

ムを稼働させておき，現用系の障害発生時にはシステムを再起動して処理を引き継ぐ．**ウォームスタンバイ**は両者の中間であり，待機系の電源は入っているがアプリケーションソフトウェアは稼働しておらず，障害発生時にはアプリケーションソフトウェアを起動して処理を引き継ぐ．

これら三つの方法を比較すると，ホットスタンバイが最も高性能だが運用コストがかかり，コールドスタンバイが最も低コストだが障害発生時の対応に時間がかかる．ウォームスタンバイはその中間である．

2.3.4 コンピュータの性能評価

コンピュータの性能を評価する指標や方法には，さまざまなものがある．以下に代表例を示す．

(1) CPU クロックの周波数

CPU は，**クロック**とよばれる同期信号に従って動作する．同一の CPU であれば，クロックの周波数が高いほうが処理は高速化する．また，同じクロック周波数の CPU であれば，1 命令の実行に必要なクロック信号の数（クロック数）が少ない CPU のほうが命令実行速度は速い．ただし，クロック周波数が上がると消費電力も増加する．また，電子回路の動作上，クロック周波数には上限がある．

(2) CPU のビット幅

CPU が一度に処理できるデータのビット数（ビット幅）は，レジスタのサイズやバスの幅，ALU のビット数などによって決定される．一般に，一度に処理できるデータ数が多いほうが，処理能力が高くなる場合が多い．現在のパーソナルコンピュータなどでは，一度に 64 ビットを処理する 64 ビット CPU が広く利用されている．

(3) MIPS，FLOPS

クロック周波数の比較だけでは，命令の実行に要する時間の比較はできない[†]．そこで，命令の実行速度を表す指標として **MIPS**（Million Instructions Per Second）が用いられる．MIPS 値は，1 秒間に 100 万命令を実行する速度を 1 MIPS

[†] 1 命令を実行するのに要するクロック数が CPU によって異なるため．

として表現する.

　数値計算の分野では，浮動小数点演算の速度が重視される．そこで，1 秒あたりの浮動小数点演算の実行回数を FLOPS（Floating point Operations Per Second）と表現して，浮動小数点演算の速度の指標とする.

例題 2.5　ある CPU では，1 命令の平均実行時間が 10 ナノ秒であるという．この CPU の性能を MIPS で表せ.

［答え］　1 命令の平均実行時間が 10 ナノ秒であるので，1 秒あたりの命令実行回数は，

$$1 \div (10 \times 10^{-9}) = 10^8$$

である．1 MIPS は 1 秒間に 10^6 回命令を実行する速度なので，このコンピュータの性能は，

$$10^8 \div 10^6 = 100$$

より，100 MIPS である.

例題 2.6　あるコンピュータの CPU には，10 個のコアが含まれている．各コアでは，1 クロックで 16 回の浮動小数点演算が実行できる．このコンピュータの FLOPS 値（理論値）を求めよ．ただし，コンピュータには一つの CPU が搭載されており，クロック周波数は 3 GHz であるとする.

［答え］　一つのコアでは，1 秒間で

$$16 \times (3 \times 10^9) = 48 \times 10^9 回$$

の浮動小数点演算が可能である．これは 48 GFLOPS である．この CPU は 10 コア構成なので，コンピュータ全体としては 480 GFLOPS の演算能力を有することになる.

(4) ベンチマークテスト

　クロック周波数や MIPS 値は，コンピュータの処理速度の目安にはなる．しかし，同じクロック周波数や MIPS 値であっても，CPU の命令の内容の違いやコンピュータの構成方法によって，実際の処理を行った場合の処理速度は大きく異なる場合がある．そこで，実際に処理対象となるプログラムを標準的な問題として用意し，このプログラムを実行する速度を計測することでコンピュータの処理能力を評価する手法がある．このような手法を**ベンチマークテスト**とよび，ベンチマークテストで利用する標準プログラムを**ベンチマークプログラム**とよぶ.

　ベンチマークテストは，対象とする問題領域ごとにさまざまなものが提供されている．表 2.8 に，ベンチマークテストの例を示す.

表 2.8　ベンチマークテストの例

名称	説明
SPECint, SPECfp など	非営利団体 SPEC (Standard Performance Evaluation Corporation) が提供する標準的なベンチマークテスト．SPEC はさまざまなベンチマークテストを提供している．たとえば，整数演算 (int)，浮動小数点演算 (fp)，グラフィックス，ネットワークサービスなどに向けたベンチマークプログラムを提供している．
LINPACK ベンチマーク	数値計算ライブラリである LINPACK を利用したベンチマークプログラム．スーパーコンピュータの性能評価などに用いられる．

(5) 稼働率

　コンピュータシステムの性能評価の指標の一つに，**稼働率**がある．稼働率とは，システムが故障などで停止せずに正常に稼働している時間の割合をいう．

　稼働率は，つぎの MTBF と MTTR で表現することができる．MTBF (Mean Time Between Failure) は平均故障間隔ともいい，システムが故障せずに稼働している平均時間を示す．MTTR (Mean Time To Repair) は平均復旧時間ともいい，故障したシステムが修理により復旧するまでの平均時間を示す．これらを用いて，稼働率 R を

$$R = \text{MTBF} \div (\text{MTBF} + \text{MTTR})$$

と表すことができる．

例題 2.7　平均故障間隔が 470 時間で，平均復旧時間が 30 時間のコンピュータシステムの稼働率を求めよ．

[答え]　稼働率 R は

$$R = \text{MTBF} \div (\text{MTBF} + \text{MTTR})$$
$$= 470 \div (470 + 30)$$
$$= 0.94$$

となる．よって，稼働率は 94 % である．

✎ 章末問題 •••

2.1　本書では主として，ノイマン型コンピュータを考えている．ノイマン型ではないコンピュータ，すなわち非ノイマン型コンピュータについて調査せよ．

2.2　表 2.3 で示した機械語命令を用いて，つぎのようなプログラムを作成した．この機械語プログラムを上から下の順で実行した後，メモリ 0 番地 (00000000 番地) の

内容はいくつになるか答えよ.

命令
00000001 00001000
00110001 00000000
00010010 00000000
10010000 00000000

2.3　割り込み処理を実施している最中に，さらに割り込み信号が発生した場合，どのような処理が必要か答えよ.

2.4　パイプライン処理は，工場の流れ作業を例にとって説明されることがよくある. CPU の命令パイプラインと工場の流れ作業の類似点を述べよ.

2.5　マルチコア CPU は，スーパーコンピュータやサーバコンピュータなどの高速性が要求されるコンピュータだけでなく，スマートフォンなどの小型携帯端末でも広く用いられている. その理由を考察せよ.

2.6　ある CPU のクロック周波数は 1.2 GHz であり，1 命令の実行に平均 6 サイクルのクロック数を必要とするという. この CPU の処理能力は何 MIPS か求めよ.

3 記憶装置

□ 記憶装置の構成方法と，その具体的な実現方法について学ぶ．
□ 局所参照性の概念と記憶の階層化を理解する．➡ 3.1 節
□ キャッシュメモリ，主記憶装置，補助記憶装置，およびそのほかの記憶装置
　について，その役割・機能を理解し，具体例を知る．➡ 3.2, 3.3, 3.5 節
□ 仮想記憶の概念を理解し，その具体的な実装例であるページング方式および
　セグメンテーション方式について知る．➡ 3.4 節
□ 情報の誤りの検出の方法や，誤り訂正の方法について理解する．➡ 3.6 節

3.1 記憶の階層化

　コンピュータは，より多くのデータをより高速に処理できることが望ましい．
このため，記憶装置も大容量で高速であることが望まれる．しかし，一般に高速
の記憶媒体は高価であり，大容量化が難しい．この問題を解決するために，ノイ
マン型コンピュータの顕著な性質である，**局所参照性**を利用することができる．
　局所参照性とは，ある短い時間間隔において実行されるプログラムのメモリ領
域はごく狭い範囲であり，参照するデータも狭い範囲に限られる性質のことをい
う（図 3.1 (a)）．局所参照性を念頭に置くと，図 3.1 (b) のように高速小容量の
記憶装置を主記憶と CPU の間に置くことで，CPU から見るとあたかも高速で
大容量の記憶装置が存在するかのように見せかけることができる．このような高
速小容量のメモリを**キャッシュメモリ**とよぶ．キャッシュメモリを用いると，主
記憶から必要な情報をキャッシュメモリ上に一括してコピーして，CPU のアク
セスをキャッシュメモリに対して実行させることで，記憶装置の高速化をはかる
ことができる．
　キャッシュメモリのような考え方を階層的に用いることで，コンピュータシス
テムでは高速大容量の記憶装置を実現している．記憶の階層構造を図 3.2 に示し，
各特徴を表 3.1 にまとめる．

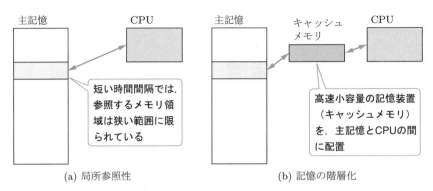

(a) 局所参照性　　　　　　　(b) 記憶の階層化

図 3.1　**局所参照性と記憶の階層化（CPU と主記憶の例）**

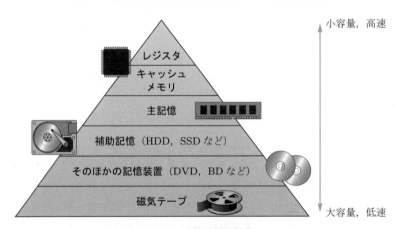

図 3.2　**記憶の階層構造**

表 3.1　**記憶の階層構造と特徴**

名称	速度	記憶容量	説明
CPU 内部のレジスタ	最高速	最も小容量	CPU 内部の記憶装置.
キャッシュメモリ	高速	小容量	CPU と主記憶の速度差を吸収するための小容量な高速メモリ.
主記憶	比較的高速	比較的小容量	機械語プログラムやデータを格納して，CPU がプログラムを実行するための記憶装置.
補助記憶（HDD，SSD など）	比較的低速	比較的大容量	ファイルの格納や，仮想記憶の実現に用いる.
そのほかの記憶装置（DVD，BD など）	低速	大容量	補助記憶と異なり，メディアの交換により大容量の記録が可能.
磁気テープ装置	最も低速	大容量	メディアの交換により大容量の記録が可能.

3.2 キャッシュメモリと主記憶装置

　ここでは，CPU に近い階層の記憶装置として，キャッシュメモリと主記憶を説明する.

3.2.1 キャッシュメモリ

　キャッシュメモリ（cache[†] memory）は，CPU と主記憶の間に入って，速度の遅い主記憶と高速な CPU の間の速度差を吸収することを目的とした記憶装置である．CPU が主記憶にアクセスする際，キャッシュメモリ上にデータがある場合には，主記憶にアクセスせず，キャッシュメモリからデータを供給する．この状態を「キャッシュが**ヒット**した」という（図 3.3 (a)）．もしキャッシュメモリ上にデータがなければ，主記憶から必要な情報をキャッシュメモリ上にコピーして，処理を続ける．この状態を「キャッシュが**ミス**した」という（図 3.3 (b)）．

　局所参照性によりキャッシュがヒットしている間は，CPU はキャッシュメモリから高速にデータを得ることができる．これに対してキャッシュがミスすると，主記憶とキャッシュメモリの間のやり取りが生じるため，CPU へのデータ供給が遅くなる.

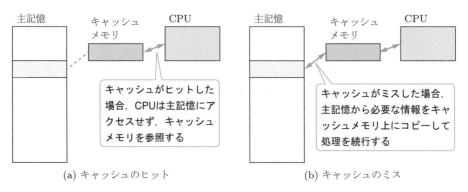

(a) キャッシュのヒット　　　　　　　(b) キャッシュのミス

図 3.3 **キャッシュのヒットとミス**

　キャッシュがヒットする割合を**ヒット率**とよぶ．ヒット率が高いほど，キャッシュメモリの効果が高くなり，高速な処理が可能となる．一般にキャッシュメモリの容量が大きいほうが，ヒット率が高くなることが期待される．しかし局所参

---

† cache は「隠し場所」という意味の英単語である．「現金」（cash）ではない.

照性があるため，ある程度の容量があれば，それ以上キャッシュメモリの容量を増やしてもヒット率はあまり変わらなくなる．

例題 3.1　主記憶のアクセス時間が 50 ns（ナノ秒）であり，キャッシュメモリのアクセス時間が 10 ns のシステムがある．キャッシュメモリのヒット率が 90％であったとすると，キャッシュメモリを介した主記憶のアクセス時間，すなわち実効的なアクセス時間はいくらか求めよ．ただし，キャッシュメモリや主記憶の制御に関する処理時間は無視する．

[答え]　アクセス回数の 90％はキャッシュメモリへのアクセスとなり，残りの 10％が主記憶へのアクセスになるので，これらの平均を求めると

$$10 \text{ ns} \times 0.9 + 50 \text{ ns} \times 0.1 = 14 \text{ ns}$$

となり，実効的なアクセス時間は 14 ns となる．

Note キャッシュメモリのライトスルー方式とライトバック方式

　キャッシュメモリの制御方法には，CPU からメモリへの書き込み時の制御方法の違いにより，**ライトバック方式**と**ライトスルー方式**の 2 種類がある．ライトバック方式は，書き込みをキャッシュメモリだけに行い，主記憶への書き込みは必要に応じてまとめて行う．ライトスルー方式は，書き込みが生じるたび，キャッシュメモリと同時に主記憶にも書き込みを行う．

　ライトバック方式では，主記憶への書き込み処理をまとめて行うので，ライトスルー方式よりも高速である．しかし，キャッシュメモリと主記憶の内容が一致しない期間が生じるので，たとえばマルチプロセッサシステムでは，データの一貫性を保つための制御が複雑になる．これに対してライトスルー方式では，つねにキャッシュメモリと主記憶の内容が一致するのでデータの一貫性の保証が容易であるが，書き込みのたびに低速な主記憶にアクセスするため，速度が低下する．

Note キャッシュメモリの階層構造

　キャッシュメモリの実装にあたっては，キャッシュメモリ自体を階層化することで性能向上をはかる場合が多い．この場合，CPU に最も近い階層のキャッシュを 1 次キャッシュあるいは L1 キャッシュ（Level 1 cache）とよび，以下，2 次キャッシュ（L2 キャッシュ），3 次キャッシュ（L3 キャッシュ）と続く．これらについては，CPU に近いキャッシュほど高速で小容量な構成となっている．

3.2.2 主記憶

主記憶は，プログラムやデータを格納して CPU に供給するためのメモリである．ノイマン型コンピュータでは，CPU が主記憶を参照しつつ処理を進めるのが，基本的な動作である．

図 3.4 に，主記憶の構成を示す．CPU などから主記憶に与えられたアドレス信号は，アドレスデコーダで解析され，アドレスに対応するメモリセルが選択される．同時に，制御バスを経由してメモリに対する読み出しや書き込みを指示する信号が与えられるので，それに応じて選択されたメモリセルへデータを書き込んだり，メモリセルからデータを読み出してデータバスに出力したりする．

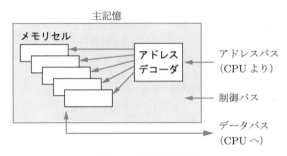

図 3.4 **主記憶の構成**

主記憶装置を高速化する手法に，**メモリインタリーブ**がある（図 3.5）．メモリインタリーブは，主記憶を独立して稼働可能な複数の領域（バンク）に分割し，それぞれに対して並列的にアクセスすることで，主記憶の高速化をはかる．

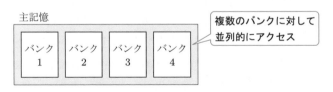

図 3.5 **メモリインタリーブ**

主記憶やキャッシュメモリ，あるいは後述する SSD などは，**半導体記憶素子**によって構成されている．表 3.2 に，半導体記憶素子の分類を示す．

表 3.2　**半導体記憶素子の分類**

揮発性/ 不揮発性	名称	説明	用途
揮発性[†1]	SRAM (スタティック RAM[†2])	トランジスタのスイッチングによって情報を保持する. 高速小容量.	CPU のレジスタやキャッシュメモリ.
	DRAM (ダイナミック RAM)	コンデンサに電荷を蓄えることで情報を保持する. SRAM より低速だが大容量. リフレッシュ[†3]が必要.	主記憶や画像のバッファメモリなど.
不揮発性[†4]	マスク ROM[†5]	半導体の製造時に情報を書き込む. 工場出荷後は書き換えできない.	組込みシステムのプログラムや, プリンタのフォント情報の記録など.
	EEPROM	電気的に消去/書き換えが可能な不揮発性メモリ.	設定情報の保存など.
	フラッシュメモリ	EEPROM の一種. ブロック単位で消去する方式をとることで構造を簡素化し, 大容量化を実現した.	SSD, USB メモリ, SD カードなど.
	そのほかの半導体記憶素子 (FeRAM, MRAM など)	誘電体や磁気を利用した, 次世代の記憶素子.	今後, 主記憶などへの利用が期待されている.

例題3.2　以下の説明文①と②は, ある半導体記憶素子について述べたものである. これらの素子は, それぞれ表 3.2 の名称のうちのどれか答えよ.

① 揮発性, すなわち電源を切ると情報が失われる性質をもつ. 記憶素子の構成が単純なので, 大容量化が可能である. このため, コンピュータの主記憶装置や画像のバッファメモリなどに広く用いられる. メモリの制御上, リフレッシュとよばれる定期的な読み出し操作が必要である.

② 不揮発性, すなわち電源を切っても情報が保存される性質をもつ. EEPROM の一種であるが, 構造を簡素化することで, より大容量な記憶装置を構成可能である. 補助記憶装置や外部メモリなどに広く用いられている.

---

†1 電源を切ると情報が失われる性質.

†2 RAM は Random Access Memory の頭文字. 元来は, メモリ上のどの番地も同じ速度でアクセスできるメモリを意味したが, 現在では揮発性メモリの意味で用いられる.

†3 蓄えた電荷が失われることを防ぐために行う, 定期的な読み出し操作.

†4 電源を切っても情報が失われない性質.

†5 ROM は Read Only Memory の頭文字. 読み出し専用メモリの意味だが, 現在では不揮発性メモリの意味で用いられる.

[答え] ① DRAM ② フラッシュメモリ

3.3 補助記憶

補助記憶は，不揮発性をもち，主記憶より大容量かつ低速な記憶装置である．補助記憶は，プログラムやデータを保存したり，後述する仮想記憶を実現したりするためなどに用いる．以下では補助記憶装置として，磁気ディスク装置（HDD）やソリッドステートドライブ（SSD）を取り上げるとともに，補助記憶の高速化・高信頼性化技術である RAID について説明する．

3.3.1 ハードディスク装置（HDD）

磁気ディスク装置は，磁性体を塗布または蒸着した円盤（ディスク）に，磁気的に情報を記録する記憶装置である．磁気ディスク装置のうち，ディスクの素材としてアルミニウムやガラスなどを用いるものを，**ハードディスク装置**（HDD）とよぶ．

磁気ディスクの原理を図 3.6 に示す．図で，情報を記録するディスクは回転しており，ディスクに電磁石を近づけることでディスク上に磁気的にデータを記録することができる．データを読み出すときには，コイルを近づけて誘導電流を読み取る．データを読み書きするための電磁石およびコイルの役割を果たすデバイスを，**磁気ヘッド**とよぶ．

ハードディスクでは，情報の記録は，ディスク上に同心円を描く**トラック**に沿って行われる．トラックは，図 3.7 (a) のように**セクタ**とよばれる小さな区画に区切られており，セクタを単位としてディスク上のデータを管理するのが一般的で

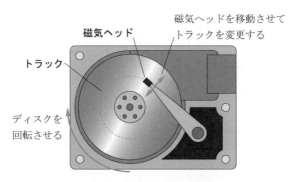

図 3.6 **磁気ディスクの原理**

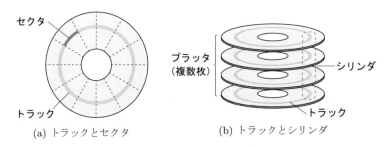

(a) トラックとセクタ　　　　　(b) トラックとシリンダ

図 3.7　**ディスクの構造**

ある．ハードディスクにおいて情報を記録するディスクは**プラッタ**とよばれる．プラッタは複数枚数を同じ軸で同時に回転させることが可能である．このとき，同じ半径上にあるトラックの集合を**シリンダ**とよぶ（図 3.7 (b)）．

　　ハードディスク装置には，**ディスクキャッシュ**とよばれる記憶装置が搭載されている場合が多い．ディスクキャッシュは，ハードディスクと CPU・主記憶（メモリ）の速度差を吸収するための半導体記憶装置である（図 3.8）．

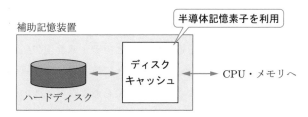

図 3.8　**ディスクキャッシュ**

例題 3.3　ハードディスクについて，トラック，セクタ，シリンダの容量の大小関係を示せ．

[答え]　トラックには複数のセクタが含まれ，シリンダには複数のトラックが含まれる．よって，

　　　　　セクタの容量 ＜ トラックの容量 ＜ シリンダの容量

という大小関係となる．

3.3.2　ソリッドステートドライブ (SSD)

ソリッドステートドライブ (SSD) は，半導体記憶素子を用いた記憶装置であり，ハードディスク装置と同じインタフェースでアクセスすることができるよう構成されている．このため，ソリッドステートドライブはハードディスク装置と置き換えることができる．ソリッドステートドライブでは，記憶素子として主にフラッシュメモリが用いられる．

一般に，ソリッドステートドライブはハードディスク装置よりも高速であるので，ハードディスク装置をソリッドステートドライブと交換することで，コンピュータシステム全体の速度向上が可能である．また，ハードディスク装置は機械的な動作を伴う装置であるため，振動や衝撃に弱いのに対して，ソリッドステートドライブは可動部分がないため，振動や衝撃に強いという利点がある．ただし，ソリッドステートドライブはフラッシュメモリを利用しているので，有限回数（1000 〜 10000 回程度）の書き込み/消去で寿命に達する点に注意が必要である．

3.3.3　RAID

RAID (Redundant Arrays of Independent[1] Disks) は，複数のディスク装置を用いて高信頼性や高速化を実現する技術である．

RAID には，RAID0，RAID1，RAID5 など，さまざまな種類がある．そのうちよく利用されるのは，RAID0，RAID1，RAID5 および RAID10(1 + 0) であり，それ以外[2]はあまり用いられない．

RAID0 は**ストライピング**ともよばれ，複数のディスク装置に並列的にアクセスすることで高速化をはかる技術である（図 3.9 (a)）．RAID1 は**ミラーリング**とよばれ，複数のディスク装置に同一内容のデータを保持させることで信頼性を向上させる技術である（図 3.9 (b)）．

RAID0 は並列処理を行うため高速化が可能であるが，ディスク装置が 1 台でも故障すると RAID 全体の故障となるので，信頼性は低下する．RAID1 では信頼性は向上するが，アクセス速度は向上せず，また，ディスク装置の台数を増やしても容量は増加しない．

RAID5 は，複数のディスク装置を利用して高速化と信頼性の向上を同時に得

---

[1] RAID の提案当初は，Inexpensive，すなわち「（価格が）高くない」という語を用いていた．
[2] RAID2，RAID3，RAID4 などがある．

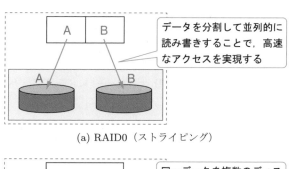

（a）RAID0（ストライピング）

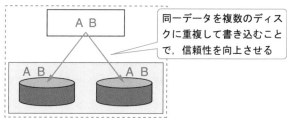

（b）RAID1（ミラーリング）

図 3.9　RAID0（ストライピング）と RAID1（ミラーリング）

ることができる技術である．RAID5 では，ブロック単位でデータをディスク装置に分散して格納し，これらのデータから作成した誤り訂正用データ（パリティ†データ）も合わせてディスク装置に格納する．パリティデータは元データから計算によって作成される．

　図 3.10 に RAID5 の構成例を示す．図 3.10 (a) では，データの書き込みの様子を示す．4台のディスクのうち，3台のディスク装置に1ブロックずつデータ（A，B，C）を格納する．さらに，残りの1台のディスク装置に，これらのデータから作成したパリティデータ（P_{ABC}）を格納する．続くデータ（D, E, F）に対しても，同様に格納する．その際，パリティデータを格納するディスク装置は固定化せず，4台のディスク装置に分散されるように格納する．

　パリティデータと元データの組のうち1ブロック分のデータが失われても，残りの3ブロック分のデータから復元することが可能である．図 3.10 (b) では，例として，左端のディスク装置が故障した場合に，残りの3台のディスク上に保存されたデータからディスクの内容を復旧する状況を示している．

　RAID5 では，複数のディスク装置に同時にアクセスするので，とくに読み出

---

† パリティについては 3.6 節を参照.

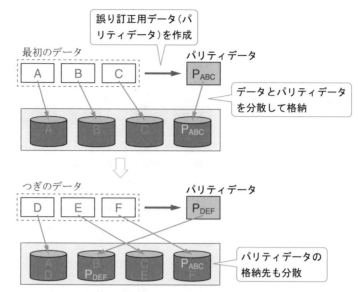

(a) データの書き込み（4 台のディスクに，最初にブロック A から C の
データを書き込み，つぎにブロック D から F のデータを書き込む例）

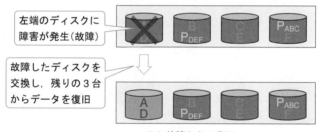

(b) 故障からの復旧

図 3.10　RAID5（ディスク 4 台の場合）

しについて[†]，並列化によるアクセスの高速化が可能である．また，パリティデー
タを保持することで，信頼性も向上する．ただし，パリティデータを格納するた
めに余分なデータ領域が必要であり，その分だけ格納可能なデータ容量は減る．

　RAID10 は RAID1＋0 とも表記し，RAID1 を構成した装置を RAID0 の手法で
並列化した装置である（図 3.11）．RAID10 は，RAID1 による信頼性の向上と，
RAID0 による並列化による高速性の両方の利点を同時に利用できる手法である．

[†]　書き込みについては，その都度パリティデータの作成が必要となるため，読み出し時ほどの高速化
は期待できない．

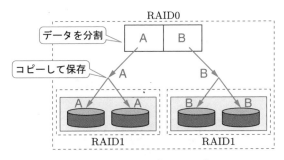

図 3.11 RAID10（RAID1＋0）

ただし，RAID1 を利用しているため，それぞれの RAID1 を構成する部分については，ディスクの台数を増やしても容量は増加しない．

例題 3.4 2台のディスク装置を用いて，信頼性の向上をはかりたい．この場合には，RAID0，RAID1，RAID5，RAID10 のうちどれを用いるべきか答えよ．

[答え] RAID1

問題文で示された RAID のうち，RAID0 以外については信頼性の向上に寄与することができる．このうちで2台のディスク装置で実現できるのは RAID1 だけである．

Note RAID6

RAID6 は，RAID5 におけるパリティデータを2重化することで，さらに信頼性を向上させた方式である．RAID6 は RAID5 よりも信頼性は向上するが，ディスクの利用効率や書き込み速度は低下する．

3.4 仮想記憶

現代のコンピュータでは，一度に複数のプログラムが同時並行的に稼働しているのが普通である．このため，それぞれのプログラムに対して記憶装置を独立に割り当てる必要があり，結果として大容量の記憶装置が必要とされる．こうした要求を満たすための技術が仮想記憶である．

3.4.1 仮想記憶とは

仮想記憶（virtual memory）とは，ハードウェアとして実際に存在するメモリ容量の制約を受けずに，大容量の主記憶装置が複数存在するかのように見せかけ

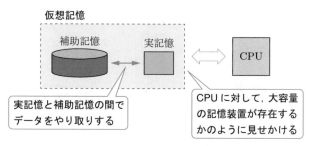

図 3.12 **仮想記憶の概念**

る仮想化技術である（図 3.12）.

　仮想記憶の実現には，ハードウェアとしてのメモリ，すなわち実記憶と，ディスク装置などの補助記憶，それに仮想記憶制御のためのハードウェアの機能，およびオペレーティングシステムによるソフトウェア制御が必要[†]である.

　仮想記憶の実現方式には，主としてページング方式とセグメンテーション方式の二つがある．ページング方式では，実記憶をページとよばれる小さな区画に分割し，ページを単位として実記憶と補助記憶の間でデータをやり取りすることで，実記憶の容量以上のメモリ領域を CPU に提供する．セグメンテーション方式では，互いに独立なメモリ領域を仮想的に作り出すことで，独立した複数の主記憶装置が存在するように見せかける．両者はそれぞれ独立して利用することも，同時に利用することも可能である．以下，それぞれについて説明する.

3.4.2　ページング方式

　ページング方式による仮想記憶の実現方法を図 3.13 に示す．ページング方式による仮想記憶では，CPU が必要とする情報を適宜補助記憶から実記憶にコピーすることで，CPU に対して大容量の記憶装置が実際に存在するかのように見せかける.

　ページング方式では，**ページ**を単位に記憶を管理する．ページの大きさは，1 K バイトあるいは 4 K バイトといった，ごく小さなサイズである.

　ページング方式による仮想記憶を利用している場合，CPU は，仮想記憶が提供する巨大な記憶空間にアクセスしているようにふるまう．CPU が仮想記憶空間上のあるアドレスにアクセスすると，仮想記憶の制御機構の働きにより，仮想

[†]　キャッシュメモリの制御はハードウェアのみで高速に行われるが，仮想記憶の制御ではハードウェアの機能だけでなく，ソフトウェア処理も利用する.

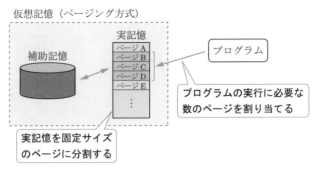

図 3.13 **ページング方式による仮想記憶の実現**

記憶空間のアドレスに対応する実記憶上のページが CPU に提供される.

もし，CPU のアクセスした仮想記憶上のアドレスに対応するページが実記憶上に存在しないと，**ページフォールト**とよばれる割り込み信号が発生する．ページフォールトが発生すると，ソフトウェアとハードウェアの機能を用いて，補助記憶から実記憶上に必要なページがコピーされる．この操作を**ページイン**とよぶ．この際，実記憶に空きがなければ，適当なページを実記憶から補助記憶に書き戻して空きページを作成する．この操作を**ページアウト**とよぶ．実記憶が不足してページアウトが実施される際には，どのページを補助記憶装置に書き出すかを決定する必要がある．この決定を行うアルゴリズムを**ページ選択アルゴリズム**とよぶ.

たとえば図 3.14 で，CPU がページ C を要求した場合，実記憶上にページ C が存在しないため，ページフォールトが発生する．その後，仮想記憶の働きにより，補助記憶からページ C が実記憶の空き領域にページインされる．結果として，実記憶の空きページにページ C がコピーされ，CPU の処理が継続可能となる.

つぎに，図 3.15 のように実記憶に空きページがない状態で，ページ D が要求

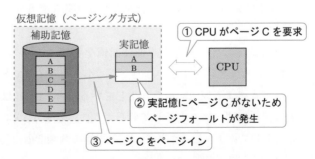

図 3.14 **ページフォールト時の動作（実記憶に空きがある場合）**
：ページフォールト→ページイン

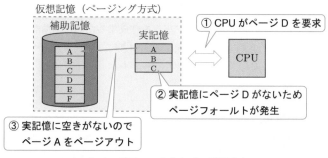

(a) ページフォールトとページアウト

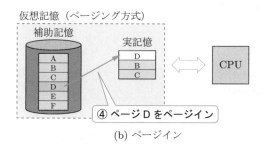

(b) ページイン

図 3.15 **ページフォールト時の動作（実記憶に空きがない場合）
：ページフォールト→ページアウト→ページイン**

されたとする．この場合には，空きページを作るために，実記憶から補助記憶に
書き戻す対象のページを定め，ページアウトする．この図ではページ A をペー
ジアウトしている．この後，空いた場所にページ D をページインする．

例題 3.5　ページング方式の仮想記憶において，ページフォールトが発生した際
に実記憶上に空きページがなかった場合の処理手順として正しいものを，以下の
うちから選べ．

① ページフォールト → ページ選択アルゴリズムの適用 → ページアウト →
　ページイン

② ページフォールト → ページアウト → ページ選択アルゴリズムの適用 →
　ページイン

③ ページフォールト → ページイン → ページ選択アルゴリズムの適用 →
　ページアウト

④ ページフォールト → ページ選択アルゴリズムの適用 → ページイン →
　ページアウト

[答え]　①

　ページフォールト発生後，空きページを作成するために補助記憶に書き出すページを
ページ選択アルゴリズムにより決定する．つぎに，選択されたページをページアウトし
て空きページを作成し，そこに必要なページをページインする．

Note ページ選択アルゴリズムの例

　　ページ選択アルゴリズムでは，過去のページ利用状況を手掛かりに，将来必
要とされないページを選ぶ必要がある．以下に，代表的なページ選択アルゴリ
ズムを示す．
　　・FIFO（First-In First-Out）
　　実記憶上の最も古いページを書き出し対象とする．
　　・LRU（Least Recently Used）
　　最も長い期間使われていないページを書き出し対象とする．
　　・LFU（Least Frequently Used）
　　最も使用頻度の低いページを書き出し対象とする．

3.4.3　セグメンテーション方式

　セグメンテーション方式[†1] は，コンピュータ上で並行的に動作する複数のプ
ログラム[†2] に対して，それぞれ独立した主記憶装置を仮想的に割り当てること
を目的とした仮想記憶の方式である（図 3.16）．このとき，分割によって作成し
た仮想的な記憶領域を**セグメント**とよぶ．セグメントはページと異なり，プログ
ラム全体を収納できるほどの大きさがあり，セグメントごとに大きさを変えるこ
ともできる．

　セグメンテーション方式を採用すると，並行的に動作するプログラムどうしが
互いに干渉する[†3] ことなく，独立して動作することが可能である．

　デスクトップコンピュータやサーバコンピュータでは，ページング方式とセグ
メンテーション方式を同時に利用する場合が多い．これは，ページング方式を用
いることで実記憶の容量以上の大容量の仮想記憶領域を用意し，その上に必要な

---

†1 セグメント方式ともいう．
†2 このような動作中のプログラムのことを，プロセスまたはタスクとよぶ（第 5 章を参照）．
†3 たとえば，ほかのプログラムが管理するメモリ領域を誤って書き換えたりすることを防ぐことがで
　　きる．

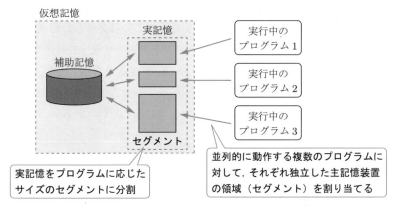

図 3.16 **セグメンテーション方式による仮想記憶の実現**

だけの個数のセグメントを配置することで，両者の利点を有効に利用することができるためである．

3.5 そのほかの記憶装置

3.5.1 そのほかのディスク

ハードディスク以外のディスクを表 3.3 に示す．表 3.3 に示したディスクはいずれも半導体レーザの発生する光を使って読み書きするため，**光ディスク**†とよばれている．

表 3.3 **そのほかのディスク**

名称	メディアあたりの 記憶容量	説明
CD	650 MB，700 MB など	赤外線レーザを用いた光ディスク．書き込みのできない CD-ROM や，一度だけ書き込み可能な CD-R，書き込み消去可能な CD-RW などがある．
DVD	4.7 GB（片面 1 層）， 8.5 GB（片面 2 層）， 9.4 GB（両面 1 層）， 17 GB（両面 2 層）など	赤色レーザを用いた光ディスク．書き込みのできない DVD-ROM や，一度だけ書き込み可能な DVD-R，書き込み消去可能な DVD-RW などがある．
BD （Blu-ray Disc）	25 GB（1 層）， 50 GB（2 層）， 100 GB（3 層）など	青紫色レーザを用いた光ディスク．書き込みのできない BD-ROM や，一度だけ書き込み可能な BD-R，書き込み消去可能な BD-RW などがある．

---

† 磁気ディスクと光ディスク以外のディスクには，たとえば光磁気ディスクがある．

3.5.2　磁気テープ装置

磁気テープは，テープ上に磁性体を塗布あるいは蒸着した磁気記憶メディアである．メディアがテープなので，長いメディアを巻き取って利用することができ，数十 TB 〜数百 TB といった大容量の記録が可能である．また，その形状から，先頭から順にデータにアクセスするシーケンシャルアクセスに向いている．このため，用途として，データのバックアップによく用いられる．

3.6　誤り検出と誤り訂正

3.6.1　パリティチェック

情報の記録や伝送においては，外部からの雑音やメディアの経年変化などによって，情報に誤りが生じることがある．このとき，適切な情報をあらかじめ付加しておくことで，誤りの検出や訂正が可能な場合がある．

パリティチェックは，誤り検出や誤り訂正を行うための簡便な手法である．パリティチェックの原理を図 3.17 に示す．図では 1 箇所の誤りを検出する場合を示している．

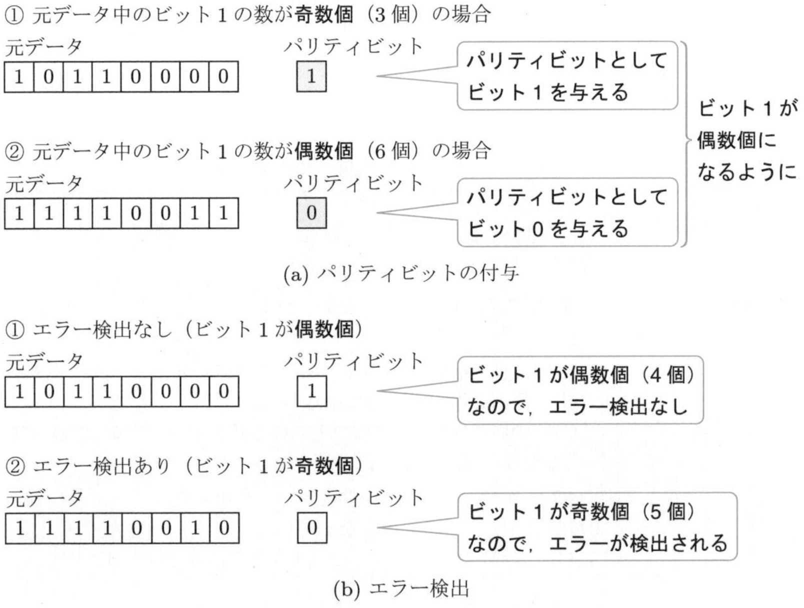

① 元データ中のビット 1 の数が**奇数個**（3 個）の場合

元データ
| 1 | 0 | 1 | 1 | 0 | 0 | 0 | 0 |

パリティビット
| 1 |

> パリティビットとして
> ビット 1 を与える

② 元データ中のビット 1 の数が**偶数個**（6 個）の場合

元データ
| 1 | 1 | 1 | 1 | 0 | 0 | 1 | 1 |

パリティビット
| 0 |

> パリティビットとして
> ビット 0 を与える

ビット 1 が
偶数個に
なるように

(a) パリティビットの付与

① エラー検出なし（ビット 1 が**偶数個**）

元データ
| 1 | 0 | 1 | 1 | 0 | 0 | 0 | 0 |

パリティビット
| 1 |

> ビット 1 が偶数個（4 個）
> なので，エラー検出なし

② エラー検出あり（ビット 1 が**奇数個**）

元データ
| 1 | 1 | 1 | 1 | 0 | 0 | 1 | 0 |

パリティビット
| 0 |

> ビット 1 が奇数個（5 個）
> なので，エラーが検出される

(b) エラー検出

図 3.17　**パリティチェックの原理（偶数パリティ）**

図 3.17 (a) では，エラー検出のためにあらかじめ与えるデータである，**パリティビット**の作成方法を示している．ここでは，元のデータに対して，パリティビットを含めた全体のデータの中に含まれるビット 1 の個数が偶数個になるように，パリティビットを与えている．このようなパリティを偶数パリティとよぶ．図3.17 (a) の①では，元のデータにはビット 1 が奇数個（3 個）含まれている．そこで，パリティビットとしてビット 1 を与えることで，データ全体に含まれるビット 1 の個数を偶数個（4 個）としている．それに対して②では，元のデータにはビット 1 が偶数個（6 個）含まれている．そこで，パリティビットとしてビット 0 を与えることで，データ全体に含まれるビット 1 の個数を偶数個（6 個）としている．

図 3.17 (b) では，エラー検出の方法を示している．図 3.17 (b) の①では，データの中に含まれるビット 1 の個数が偶数個（4 個）なので，エラーは検出されない．それに対して②では，データ中のビット 1 の個数が奇数個（5 個）であるので，このデータにはエラーが含まれていることがわかる．

例題 3.6 **[2 次元パリティチェック]**　図 3.18 に示す 2 次元に配置したビット列について，縦横方向にパリティビットを付与せよ．ただし，偶数パリティを用いるものとする．

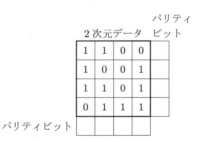

図 3.18　**2 次元ビット列へのパリティビットの付与（問題）**

[答え]　4 ビットの縦横のビット列に対してパリティビットを付与した結果を図 3.19 に示す．

パリティ
2次元データ　ビット

1	1	0	0	0
1	0	0	1	0
1	1	0	1	1
0	1	1	1	1

パリティビット | 1 | 1 | 1 | |

図 3.19　**2次元ビット列へのパリティビットの付与（答え）**

例題 3.7 **[2次元パリティチェックによる誤り訂正]**　図 3.20 に示したデータには，1箇所に誤りがあるという．誤りの部分を指摘し，誤りを訂正せよ．

パリティ
2次元データ　ビット

1	1	0	0	0
0	1	0	1	1
0	1	0	1	0
0	1	1	0	0

パリティビット | 1 | 1 | 1 | 0 |

図 3.20　**2次元パリティビットによる誤り訂正（問題）**

[答え]　図 3.21 に示すように，上から2行目の行と，左から2列目の列にはビット 1 が奇数個存在するため，誤りが生じていることがわかる．1ビットの誤りが生じているとすると，両者の交叉する部分（ビット 1）が誤っていて，正しくはビット 0 であることがわかり，エラーを訂正することができる．

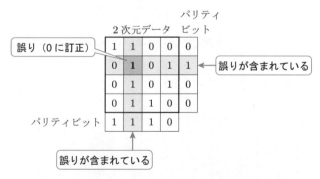

図 3.21　**2次元パリティビットによる誤り訂正（答え）**

3.6.2　CRC

CRC（Cyclic Redundancy Check, **巡回冗長検査**）は，パリティチェックより
も強力な誤り検出方式であり，設定によって複数箇所の誤りの検出や訂正を行う
ことが可能である．CRC では，ビット列で表現されたデータを多項式の係数と
みなして，あらかじめ定められた多項式で除算し，その余りを求める．このとき
除算に用いるあらかじめ定められた多項式を**生成多項式**とよぶ．データの記録や
伝送においては，データとともに求めた余りも一緒に保存，伝送する．データを
取り出した際には，改めて生成多項式を用いて除算の余りを求めて比較すること
で，データの誤り検出を行う（図 3.22）．

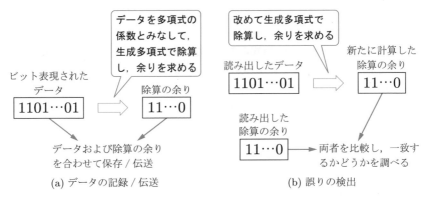

図 3.22　CRC

　生成多項式にはさまざまな形式のものが提案されており，要求されるエラー検
出能力や処理速度などに応じて適切な生成多項式を選択する必要がある．なお，
偶数パリティは，最も簡単な生成多項式 $(x + 1)$ を用いる CRC である．

📎 章末問題 ••

3.1　以下の（ア）～（エ）の説明のうち，ディスクキャッシュについての説明として適
　　切なものはどれか答えよ．
　　（ア）補助記憶装置と主記憶装置の間に配置し，両者の速度差を吸収する．
　　（イ）主記憶装置と CPU の間に配置し，両者の速度差を吸収する．
　　（ウ）半導体記憶素子を用いた補助記憶装置であり，磁気ディスク装置の代替とし
　　　　て用いる．
　　（エ）複数のディスク装置を用いて高速化や高信頼性化をはかる．

3.2 以下の (ア) ～ (エ) のうち，フラッシュメモリの用途として適切なものはどれか．適切なものをすべて答えよ．

(ア) CPU 内部のレジスタ

(イ) キャッシュメモリ

(ウ) SSD

(エ) SD カード

3.3 RAID1 を用いて2台のディスク装置に同一データを保存すれば，2台のディスクが同時に故障しない限りデータが失われることはない．では，RAID1 を利用していれば，磁気テープや光ディスクなどのメディアへのデータバックアップは不要かどうか答え，理由を説明せよ．

3.4 ページング方式による仮想記憶があれば，実記憶の容量が小さくても大規模なプログラムを実行することが可能である．では，仮想記憶を利用すれば大容量の実記憶は不要かどうか答え，理由を説明せよ．

3.5 セグメンテーション方式による仮想記憶が有用な場合と，そうでない場合の例を挙げよ．

3.6 磁気テープ装置は，ディスク装置と比較して非常に大容量のデータ記録が可能である．磁気テープ装置の使用例を示せ．

 入出力装置

\この章の目標/
□ 入出力の仕組みと，さまざまな入出力装置について学ぶ．
□ コンピュータにおける入出力の実現方法と，コンピュータ本体と外部の入出力装置とを接続する入出力インタフェースについて理解する． ➡ 4.1 節
□ キーボード，マウス，タッチパッドなどの入力装置と，ディスプレイやプリンタなどの出力装置について知る． ➡ 4.2, 4.3 節
□ 音や動画などマルチメディアの取り扱いや，ネットワークとの入出力を行うネットワークインタフェースについて理解する． ➡ 4.4, 4.5 節

4.1 入出力の方法と規格

　ここでは，コンピュータ本体が入出力処理を実行する方法について述べるとともに，コンピュータ本体と入出力装置とを接続するためのさまざまな入出力接続規格について説明する．

4.1.1 入出力の実現方法

　コンピュータから外部にデータを出力したり，外部からデータを取り込んだりするためには，記憶装置と外部の入出力装置の間でデータをやり取りしなければならない．これを実現するための原理的な方法として，CPU 直接制御や，チャネル装置または DMA コントローラによる制御などの方法がある．

　CPU 直接制御による入出力とは，入出力データを CPU が直接やり取りする制御方式である．図 4.1 において，たとえば記憶装置上のデータを出力装置に送る場合，CPU がプログラムの働きにより，外部の入出力装置との接続口である I/O ポートを通して出力装置にデータを送る．

　CPU 直接制御による入出力は簡潔であるが，一般に入出力装置と比較してはるかに高速な CPU をデータ転送に利用するため，多くの場合 CPU の待ち時間による無駄が発生する．

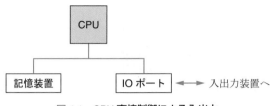

図 4.1　**CPU 直接制御による入出力**

CPU 直接制御における無駄を省くために，入出力データ転送の処理装置を利用する場合がある．この処理装置を**チャネル装置**とよぶ．チャネル装置は CPU と並列的に動作することができるので，CPU と分担して入出力を効率的に行うことができる（図 4.2）．チャネル装置は入出力に関するさまざまな処理が可能であり，そのうちで，メモリと入出力装置とのデータ転送に特化した機能を DMA[†]（Direct Memory Access）とよぶ．また，DMA の制御を行う LSI チップを DMA コントローラとよぶ．

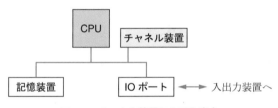

図 4.2　**チャネル装置による入出力**

実際のパーソナルコンピュータやサーバコンピュータでは，CPU と，メモリやグラフィックスインタフェースやネットワークインタフェースや USB などとの接続を，**チップセット**とよばれる LSI によって実現している（図 4.3）．

チップセットは CPU の種類ごとに対応する製品が供給されている．コンピュータの本体であるマザーボード上には，そのマザーボードで利用できる CPU に対応したチップセットが配置されている．チップセットは "セット" と複数をまとめたものとして表現されるが，実際には一つの LSI で構成される場合も多い．また，チップセットの機能の一部が CPU 内部に取り込まれて実装されていることもある．

[†]　DMA は，元来マイクロプロセッサによるシステム構築において用いられた用語である．これに対し，チャネルは大型計算機の分野で用いられていた用語である．

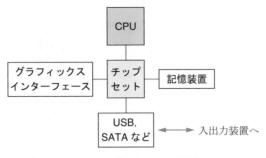

図 4.3 **チップセットの役割**

4.1.2 入出力の接続規格

コンピュータ本体と入出力装置との接続には，さまざまな接続規格が策定されている．表 4.1 に接続規格の例を示す．

表 4.1 **入出力関連の接続規格の例**

名称	特徴
USB (Universal Serial Bus)	直列伝送による汎用接続規格．高速なデータ転送が可能（規格により 10 Gbps 以上）．ハブを利用してツリー状に接続可能（最大 127 台）．ホットスワップ（活性挿抜）が可能．電力の供給が可能．
SATA （シリアル ATA）	内蔵ディスク装置を接続するための直列伝送による高速接続規格．外付けディスク装置を接続するためには eSATA が用いられる．
PCI Express (PCIe)	マザーボード上に用意された拡張用スロットに用いられる接続規格．グラフィックボードなどの増設に利用される．
Bluetooth	2.4 GHz 帯の電波を用いた，無線による接続規格．数メートル〜数十メートル程度の範囲で用いられる．比較的低速だが，規格によっては 24 Mbps の通信が可能なものもある．

4.1.3 USB

有線による接続で最もよく用いられるのは USB（Universal Serial Bus）である．USB は**直列伝送（シリアル伝送）**，すなわち一度に 1 ビットずつ信号を送る方式で通信する．直列伝送は**並列伝送（パラレル伝送）**と比較して，信号線間の同期が不要であり，高速通信に有利である．USB では，USB3.2 規格において，10 Gbps あるいは 20 Gbps といった通信速度が利用可能であり，さまざまな入出力装置との接続に利用可能である．

USB では，USB ハブを用いて複数の機器をツリー状に接続することが可能である（図 4.4）．図 4.4 では，3 個の USB ハブを用いて 2 段階の階層構造を作成し，

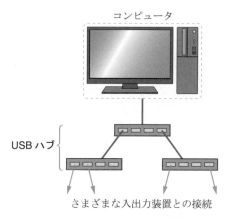

図 4.4　**USB ハブによる多段接続**

それぞれの USB ポートを使って複数の入出力装置との接続を実現している．USB では，最大 5 段階までの階層化が許されており，接続対象の入出力装置は規格上 127 台まで接続可能である．

USB は，ハードウェアの規格上，電源を切断せずに着脱する**ホットスワップ**（**活性挿抜**）が可能である．これは，ハードウェア上の性質であり，ソフトウェアの観点からは別途操作が必要な場合がある．たとえば，外付けディスク装置の着脱などにおいては，装置を切り離す際にはデータが失われないように特定の手続きをとる必要がある．

USB の特徴の一つに，電力供給が可能[†1]な点がある．電力供給能力は当初は入出力装置の駆動のために用意されたが，近年はスマートフォンなどの機器への電力供給を目的として USB を利用する場面も増えている．このような用途向けには，**USB Power Delivery**（**USB PD**）という規格が用意されている．USB PB では，USB PD 3.1 において最大 240 W（48 V/5 A）[†2]の電力供給が可能である．

例題 4.1　USB や SATA などの高速な接続規格では，直列伝送（シリアル伝送）が用いられている．しかし，高速通信においては複数の信号を並列的に伝送する並列伝送（パラレル伝送）のほうが適しているように思える．なぜ直列伝送（シリアル伝送）が用いられるのか答えよ．

[†1] 初期の規格である USB1.1 では 5 V/500 mA の給電能力があり，その後の USB3.2 では 5 V/900 mA に向上した．

[†2] USB PD では 5 V 以外の電圧の供給も可能である．

[答え] 並列伝送（パラレル伝送）を行えば，信号線の数だけ並列してデータを送れるため，原理的にはより高速な通信が可能である．しかし，並列伝送（パラレル伝送）を行うためには，複数の信号線間での同期，すなわち複数の信号についてタイミングを揃えて送らなければならない．高速通信においては信号線間でタイミングを揃えるのは困難なので，直列伝送（シリアル伝送）が用いられる．

4.1.4 Bluetooth

電波による入出力装置との無線接続においては，Bluetooth が広く用いられている．Bluetooth（図 4.5）は，2.4 GHz 帯の電波を用いて，数メートル程度の近距離に存在する入出力機器[†1]を接続するのによく用いられる．通信速度は比較的低速であり，数百 kbps から数 Mbps 程度の通信速度でデータをやり取りする．

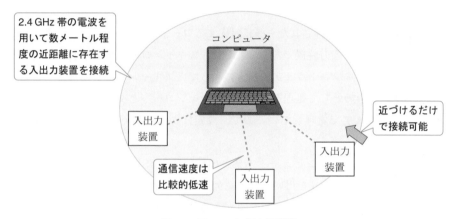

2.4 GHz 帯の電波を用いて数メートル程度の近距離に存在する入出力装置を接続

コンピュータ

近づけるだけで接続可能

入出力装置

入出力装置

通信速度は比較的低速

入出力装置

図 4.5　Bluetooth による接続

近接通信にかつて用いられていた IrDA（Infrared Data Association）による赤外線通信では，送受信機器を対向するように置かなければならなかったが，Bluetooth では近接させるだけで装置を向かい合わせる必要はなく，取り扱いが簡便である．

Note 2.4 GHz 帯の電波の利用

Bluetooth では 2.4 GHz 帯の電波を用いるが，同じ周波数帯の電波は無線 LAN や RFID[†2] などでも用いられている．さらに，加熱調理器具である電子

---

†1 キーボードやマウス，ヘッドフォンなどの機器との接続によく用いられる．
†2 Radio Frequency Identification. 電波を用いた IC タグ．IC タグに埋め込まれた情報を非接触で読み出すことができる．

レンジが用いるのも，同じ 2.4 GHz 帯の電波である．こうしたことから，Bluetooth の利用においてはほかの機器との相互干渉が起こることがあり，相互干渉が通信に悪影響を与える場合もある．

4.2 入力装置

　ここでは，コンピュータに欠かせない入力装置として，キーボードやマウスなどについて説明する．そのほかの補助的な入力装置については，4.4 節と 4.5 節で紹介する．

4.2.1 キーボード

　キーボードは，押されたキーに対応するコード（スキャンコード）をコンピュータ本体に送る入力装置である（図 4.6）．スキャンコードを受け取ったコンピュータ本体では，ソフトウェアの働きによって，スキャンコードに対応する文字が入力されたものとして処理を進める．スキャンコードと文字コードとの対応関係はソフトウェアで処理しているので，設定によって対応関係を変更することが可能[†]である.

　キーボードとコンピュータ本体との接続は，USB や Bluetooth を用いる場合が多い．Bluetooth を用いると接続ケーブルが不要となり，取り扱いが便利になるが，別途電源が必要になる欠点がある．

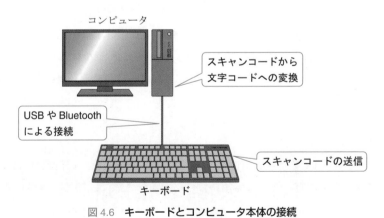

図 4.6　**キーボードとコンピュータ本体の接続**

---

†　このため，コンピュータ側の設定を誤ると，意図した文字を入力できなくなる．

　キーボード上の文字の配列にはさまざまなものが利用されているが，アルファベットについては多くのキーボードでQWERTY配列[†1] とよばれる配列が利用されている．QWERTY配列は機械式タイプライターの時代から利用されている配列である．QWERTY配列以外の配列としては，英文の統計的性質によって配列を考案したDvorak配列がある．

　アルファベット以外の記号などの配列は，キーボードによってさまざまである．日本で広く使われている例として106キーボードや109キーボード[†2] とよばれる配列があるが，それ以外の配列のキーボードも広く利用されている．

4.2.2　マウス，タッチパッド，タッチパネル

マウス（図4.7 (a)）は，GUI（グラフィカルユーザインタフェース）環境において表示装置上の座標を入力するためのポインティングデバイス[†3] である．マウスは，1960年代の開発当初からしばらくの間は円盤やボールの回転を検出する機械式のデバイスとして実装されたが，現在は光学的に動きを検出する光学式が一般的である．

タッチパッド（図4.7 (b)）は，平面状のセンサを指で触ることで位置情報を入力するポインティングデバイスである．タッチパッドは小型であり，可動部分がなく故障が少ないため，ノートPCで広く用いられている．類似の入力デバイスとして，指で触る代わりに専用のペンで触れて座標値を入力することで，より精密な座標入力が可能な**ペンタブレット**がある．

タッチパネル（図4.7 (c)）は，タッチパッドと表示装置を組み合わせた入出力

　　(a) マウス　　　　　(b) タッチパッド　　　　　(c) タッチパネル

図4.7　**マウス，タッチパッド，タッチパネル**

---

†1 QWERTY配列のキーボードでは，左上段にQ，W，E，R，T，Yの順番にキーが並んでいる．
†2 106や109はキーの数を表す．
†3 ここで説明しているタッチパッドやタッチパネルは，いずれもポインティングデバイスの一種である．

デバイスである．タブレットやノートPC，スマートフォンなどの携帯情報端末に用いられるほか，コピー機やカーナビ，ATM，自販機などで幅広く利用されている．

4.3 出力装置

ここでは，代表的な出力装置としてディスプレイ装置とプリンタを取り上げて，その原理や構造を説明する．

4.3.1 ディスプレイ装置

主要な出力装置であるディスプレイ装置の代表例を，表4.2に示す．

表4.2 **代表的なディスプレイ装置**

名称	特徴
液晶ディスプレイ	液晶によるシャッターを制御することでバックライトの光量を制御する形式の表示装置．
有機EL	発光ダイオードの一種である有機発光ダイオードを発光素子として利用したディスプレイ装置．自身で発光し，高速表示，広視野角，高コントラスト比などの特徴がある．
プラズマディスプレイ	微細な蛍光管を並べた形式の表示装置．主として大型ディスプレイの作成に用いられた．
CRT（Cathode-Ray Tube）	真空管（ブラウン管）を用いた表示装置．かつてテレビ受像機やコンピュータディスプレイ装置として広く用いられた．

液晶ディスプレイの原理を図4.8に示す．液晶は細長い分子であり，液晶を透過する光は，液晶の働きにより振動方向が変化する．液晶に電圧を印加すると，液晶の分子が回転して向きが変わり，これに伴って透過する光の振動方向が変化する．そこで，偏光板によって振動方向を揃えた光を液晶に与えることで，電圧の印加によって光を通したりさえぎったりすることが可能である．液晶ディスプレイではこのようにして，ディスプレイ上に文字や図形を描画する．

液晶ディスプレイでカラー画像を出力するには，画面上の各画素に対して光の三原色（赤緑青）のフィルターを用意する[†]．それぞれのフィルターを通過する光量を液晶によって制御することで，さまざまな色を描く．

[†] このため，液晶ディスプレイを拡大鏡で観察すると，光の三原色に対応した発色を観測することができる．

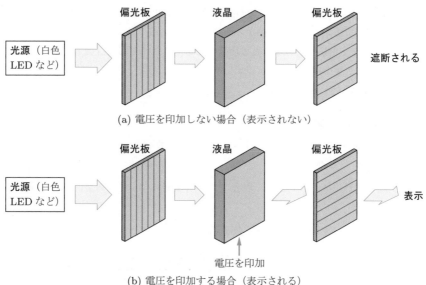

(a) 電圧を印加しない場合（表示されない）

(b) 電圧を印加する場合（表示される）

図 4.8　**液晶ディスプレイの原理（一例）**

　液晶ディスプレイは小型から大型まで作成可能であり，かつて表示装置として用いられていた CRT と比較して低消費電力である．このため，コンピュータディスプレイとして用いられるとともに，テレビやスマートフォンなど，さまざまな装置のディスプレイとして広く用いられている．

　ただし，液晶は，自分で発光する有機 EL ディスプレイなどと比較して，視野角が狭く正面以外からは出力画像が見づらい．また，黒が表現しにくく，コントラスト比の点でも不利である．さらに分子の運動を伴うため，応答速度はほかのディスプレイ装置と比較して低速である．

　有機 EL（有機エレクトロルミネッセンス）は，発光ダイオードの一種である有機発光ダイオードを発光素子として利用したディスプレイ装置である．画素を構成する有機発光ダイオード自体が発光するので，液晶ディスプレイと比較して，高速表示，広視野角，高コントラスト比などの特徴がある．

例題 4.2　なぜ有機 EL ディスプレイは，液晶ディスプレイよりも表示が高速で，コントラスト比が高いのか答えよ．

[答え]　液晶ディスプレイでは分子の回転を利用して光を制御にするのに対し，有機 EL ディスプレイでは発光ダイオードの発光現象を制御することで光を制御するので，

有機 EL ディスプレイは応答性が高く，激しく変化する画像の表示に向いている．また，液晶ディスプレイでは，光源から透過する光を液晶によるシャッターによって制御するので，光を完全にさえぎることは困難である．これに対して有機 EL では，発光ダイオードを発光させなければ，完全に光を断つことができる．このため，有機 EL ディスプレイは液晶ディスプレイと比較してコントラスト比がはるかに高い．

4.3.2 プリンタ

プリンタは，20 世紀中頃にコンピュータが発明された直後から，データ出力に使われてきたデバイスである．当初は活字（凸型の文字型）を用いた機械式のプリンタが用いられたが，現在では活字を用いたプリンタはあまり利用されず，レーザプリンタやインクジェットプリンタなどがよく用いられる．表 4.3 に代表的なプリンタの種類とその特徴を示す．

表 4.3　**代表的なプリンタ**

名称	特徴
レーザプリンタ	帯電させた感光体ドラム上に光で描画し，ドラムにトナーを付着させて紙に転写する形式のプリンタ．高速高精細な印字が可能．
インクジェットプリンタ	インクを紙に吹き付けることで描画するプリンタ．
感熱プリンタ	熱によって発色する感熱紙を用いて描画するプリンタ．小型化が可能．
3D プリンタ	3 次元データを使って，3 次元の物体を造形するプリンタ．溶かした樹脂を積み重ねる FDM 方式や，光を当てて樹脂を固める光造形方式などがある．

 レーザプリンタは，図 4.9 に示したような操作により印字する．まず，感光体ドラムを帯電させ（①），その表面にレーザ光などを照射して，電荷の分布により感光体ドラム表面に文字や画像を描画する（②）[†1]．この操作を露光とよぶ．続いて，帯電したトナーを感光体ドラムに近づけて，電荷の分布に従ってトナーを付着させる（③）．つぎに，用紙を感光体ドラムに接近させ，トナーを用紙に転写する（④）[†2]．最後に用紙上のトナーに熱を加えて圧着することで，トナーを用紙に定着させる（⑤）．レーザプリンタは高速高精細で，カラー印刷も可能である．

インクジェットプリンタは，ノズルから噴出したインクを紙にあてることで描

[†1] 電荷の分布による描画なので，感光体ドラムへの描画結果は目には見えない．
[†2] 転写の際も，電荷を与えることでトナーを移動させる．

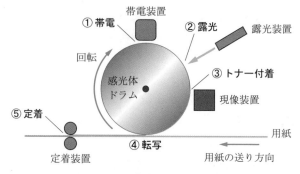

図 4.9　**レーザプリンタの動作原理**

画する．連続してインクを飛ばし利用しないインクを回収するコンティニュアス
型と，必要に応じてインクを噴出させるオンデマンド型がある．

感熱プリンタは，熱により印字するプリンタである．感熱紙という特殊な紙に
印字するダイレクトサーマル方式と，熱に反応するリボンを用いる熱転写方式が
ある．熱転写方式の感熱プリンタは，レーザプリンタやインクジェットプリンタ
などと同様に，普通紙に印刷することができる．それに対してダイレクトサーマ
ル方式の感熱プリンタは，感熱紙を用いなければならない．その代わり，リボン
やインク，トナーを用いないため，プリンタを小型化することが可能†である．

3D プリンタは，紙に印刷するプリンタと異なり，立体物を造形するためのプ
リンタである．3D プリンタには，熱で溶かした樹脂を積み重ねることで 3 次元
物体を構成する FDM 法を用いるものや，紫外線で硬化する樹脂を用いた光造形
法を用いるものなどがある．3D プリンタは，製造業などでの産業応用のほか，
医療や教育の分野，趣味でも広く利用されている．

例題 4.3　印刷物や表示画面の解像度は dpi (dots per inch) で表現される．dpi
は，1 インチの間にドットが何点並ぶかを表現する数値である．では，360 dpi
のプリンタ出力物 1 インチ四方あたりの画素数は，72 dpi のディスプレイ画面 1
インチ四方あたりの画素数の何倍か求めよ．

[答え]　解像度の比は，

$$360 \text{ dpi} \div 72 \text{ dpi} = 5 \text{ 倍}$$

であり，1 辺あたり 5 倍の密度となるので，1 インチ四方あたりの画素数は $5^2 = 25$ 倍
となる．

---

†　このため，小型端末や，レシートを印刷するレジ（キャッシュレジスター）などで広く用いられている．

4.4 マルチメディア

ここでは，音や画像などのマルチメディア情報をコンピュータに入出力する際の装置について説明する．

4.4.1 音の入出力

音の入出力は，第1章で述べたように，A/D変換およびD/A変換によって行われる．入出力装置としては，マイクやスピーカー，ヘッドフォンなどが用いられる．これらの装置とコンピュータ本体との接続には，USBやBluetooth，あるいはイヤフォン端子/ジャックなどが用いられる．

音データの蓄積や伝送においては，音データの圧縮技術が用いられる場合がある．表4.4に，音データの圧縮方法の例を示す．表に示した圧縮方法は，いずれも非可逆な圧縮である．すなわち，これらの方法による圧縮では，元の音データを完全には復元することはできない．その代わり，可逆圧縮の場合と比較して，圧縮効率をより高めることが可能である．

表4.4 **音データの圧縮方法（一例）**

名称	説明
MP3 （MPEG-1 Audio Layer-3）	動画の圧縮技術であるMPEG-1において，付随する音データの圧縮方法として定義された圧縮形式．現在では単にMP3とよばれることが多い．
AAC （Advanced Audio Coding）	動画圧縮技術MPEG-2やMPEG-4において用いられる音データの圧縮形式．MP3より高性能であるため，MP3の代替として広く用いられている．
WMA （Windows Media Audio）	Windowsで用いられる音データの圧縮形式．

4.4.2 画像の入力

画像の入力には，ディジタルカメラやイメージスキャナを用いることができる．**ディジタルカメラ**は，入力光をレンズや絞りで調節し，受光素子に入力することで電気信号に変換する機器である．受光素子には，**CCD**（Charge Coupled Device）や**CMOS**（Complementary Metal Oxide Semiconductor）によるイメージセンサが広く用いられている．ディジタルカメラはスマートフォンに内蔵される例が多いため，手軽に静止画像や動画像を入力することが可能である．

書類などを画像として入力するには，**イメージスキャナ**を用いる場合がある．

イメージスキャナは，光源を移動させながら，1次元に配列した受光素子によって反射光を読み取ることで画像を取得する装置である．イメージスキャナは，比較的高解像度の画像を安定して取得することができ，コピー機の入力装置としても用いられる．

　イメージスキャナなどで読み込んだ画像に対して，ソフトウェアを用いて処理を施すことで，画像に含まれる記号や文字を読み取ることができる．このような仕組みを，**OMR**（Optical Mark Reader，光学式マーク読み取り装置）や**OCR**（Optical Character Reader，光学式文字読み取り装置）とよぶ．OMR や OCRの実現方法には，汎用のイメージスキャナにソフトウェアを組み合わせる方法のほか，専用の読み取り装置を使う方法がある．

4.5　ネットワークインタフェース

　コンピュータ本体から見ると，ネットワークインタフェースは入出力装置の一種である．ここでは，コンピュータネットワークによる接続に関連する，ネットワークの物理的な規格について説明する[†1]．

4.5.1　有線ネットワーク

　有線によるネットワークの構築においては，**イーサネット**が広く利用されている．イーサネットは，機器どうしの接続や小規模な LAN[†2] の構築，あるいは広域的なネットワークの構築，さらには自動車内での機器間の通信など，幅広い局面で用いられている．イーサネットの物理的規格の例を表 4.5 に示す．

　表 4.5 にあるように，イーサネットでは主として**ツイストペアケーブル**または**光ファイバケーブル**が通信線として用いられる．ツイストペアケーブルは，2本の電線をより合わせることで（ツイストさせて）電気的特性を向上させた銅線である．

　光ファイバケーブルは，ガラスや樹脂の繊維の中に全反射や屈折によって光を閉じ込めることで，光を伝送する通信線である（図 4.10）．ツイストペアケーブルに比べて外来雑音に強く，長距離の伝送が可能である．

---

†1 ネットワーク全般については，第 7 章で説明する．
†2 Local Area Network，ローカルエリアネットワーク．

表4.5 **イーサネットの例**

名称	通信速度	メディア（通信線）
100BASE-TX	100 Mbps	ツイストペアケーブル
1000BASE-T	1 Gbps	ツイストペアケーブル
1000BASE-SX, 1000BASE-LX	1 Gbps	光ファイバケーブル
10GBASE-T	10 Gbps	ツイストペアケーブル
10GBASE-LX	10 Gbps	光ファイバケーブル
40GBASE-T	40 Gbps	ツイストペアケーブル
100GBASE-SR10	100 Gbps	光ファイバケーブル
400GBASE-LX8	400 Gbps	光ファイバケーブル

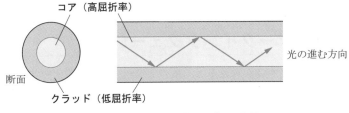

図4.10 **光ファイバケーブルの原理**

4.5.2 **無線ネットワーク**

無線ネットワークのうち，LAN を構築する場合に用いられる規格としては，IEEE 802.11[†] が広く利用されている．IEEE 802.11 にはさまざまな規格が含まれている．表4.6 にその一例を示す．

表4.6 **無線 LAN の規格例**

名称	最大通信速度	電波帯
802.11b	11 Mbps	2.4 GHz
802.11a	54 Mbps	5 GHz
802.11g	54 Mbps	2.4 GHz
802.11n	600 Mbps	2.4 GHz/5 GHz
802.11ac	6.93 Gbps	5 GHz
802.11ax	9.6 Gbps	2.4 GHz/5 GHz/6 GHz

---

† Wi-Fi とよばれることも多いが，厳密には，Wi-Fi は Wi-Fi Alliance という業界団体が与える 802.11 規格の無線 LAN の相互接続性を保証する商標である．

Note IEEE 802 委員会

　イーサネットや 802.11 無線 LAN は，IEEE の 802 委員会によって策定されている．ここで，IEEE は電子情報通信関連の国際学会であり，学会による社会貢献活動の一環として標準規格の策定を行っている．802 委員会は 1980 年 2 月から活動を開始した委員会であり，イーサネットの標準化を担当する 802.3 ワーキンググループや，無線 LAN の標準化を担当する 802.11 ワーキンググループなどから構成されている．

✎ 章末問題

4.1　以下の USB に関する説明のうち，間違っている箇所を指摘せよ．

　　USB では，信号の伝達は 1 本の信号線で行う．USB ハブを用いることで多段に階層化することが可能であり，接続機器をいくらでも増やすことができる．USB の特徴の一つとして，電力供給が可能なことが挙げられる．電力供給を目的とした規格である USB PD では，5 V 以外の電圧についても供給可能である．

4.2　USB Type-C のプラグ側コネクタは，ほかの USB コネクタにない特徴を有している．どのような点が特徴的か説明せよ．

4.3　Bluetooth では 2.4 GHz 帯の電波を用いて通信を行う．2.4 GHz 帯は無線 LAN や RFID，あるいは電子レンジなどで用いるため，干渉を受ける可能性が高い．なぜわざわざそのような周波数帯の電波を用いるのか説明せよ．

4.4　タッチパッドやタッチパネルは，2 次元の座標を読み取ることができる入力デバイスである．どのような原理で 2 次元座標を読み取るか説明せよ．

4.5　マウスと同じ座標を入力するための入力装置（ポインティングデバイス）であり，CAD（Computer Aided Design）などにおいて座標値を精密に入力するのに向いている入力装置を挙げよ．

4.6　画像出力装置の一種に，画像をスクリーンに投影するための装置であるプロジェクタがある．プロジェクタの原理を調査せよ．

4.7　プリンタは歴史のある出力装置であるため，さまざまな原理に基づく種類がある．本文で示した以外の種類について調査せよ．

4.8　音楽情報を記録・伝送するための規格である MIDI について調査せよ．

4.9　イーサネットの物理媒体には，本文で述べたツイストペアケーブルや光ファイバケーブルのほかに，同軸ケーブルを用いる規格もある．同軸ケーブルについて調査せよ．

5 オペレーティングシステム

\この章の目標/

□ コンピュータ資源の管理を目的とした基本ソフトウェアである，オペレーティングシステム (OS) について学ぶ．

□ OS の役割を理解し，機能として，プロセス管理，データ管理，入出力管理，セキュリティ管理，仮想化技術などについて知る．➡ 5.1 節

□ 基本機能であるプロセス管理について，プロセスの状態遷移や優先度制御など，詳しく理解する．➡ 5.2 節

5.1 オペレーティングシステムの機能

コンピュータは，ソフトウェアによってハードウェアを制御することで処理を進める機械である．ソフトウェアがまったく含まれないコンピュータでは，電源スイッチを押してもコンピュータを起動することすらできない．

オペレーティングシステムは，コンピュータに関連するさまざまな資源を統一的に管理する基本ソフトウェアである．ハードウェアとしてのコンピュータだけでなく，その上で稼働するソフトウェアや，蓄積されたデータ，さらにはコンピュータの利用者自身もオペレーティングシステムの管理対象となる．オペレーティングシステムは，こうした資源を管理して，使いやすい形式で利用者に提供することを目的としている．

本節ではまず，オペレーティングシステムの原型であるモニタプログラムの必要性について説明し，つぎにオペレーティングシステムの果たす役割を説明する．そして，オペレーティングシステムの具体的な機能を概説する．

5.1.1 モニタプログラムとオペレーティングシステム

コンピュータが起動するには，ソフトウェアの働きによって，さまざまな準備を進めたうえで適切な機械語プログラムを実行する必要がある．

コンピュータが機械語プログラムを実行するためには，少なくとも，主記憶上

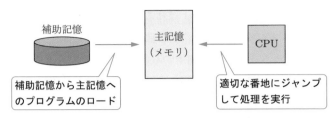

図 5.1　**機械語プログラムのロードと実行**

に機械語プログラムを読み込んで，適切な番地から機械語プログラムを実行する必要がある（図 5.1）．

　主記憶に機械語プログラムを読み込むには，機械語プログラムが保存されている補助記憶から機械語プログラムを読み出して主記憶に転送する，すなわち機械語プログラムをロードする機能が必要である．また，主記憶上の機械語プログラムを実行するためには，適切な番地にジャンプして処理を開始する必要がある．これらの機能はプログラムの実行時に必ず必要であるので，コンピュータにこうした機能を提供するプログラムをあらかじめ用意しておくほうが便利である．このプログラムを**モニタプログラム**とよぶ．

　モニタプログラムに要求される主な機能を表 5.1 に示す．

表 5.1　**モニタプログラムに要求される主な機能**

機能	説明
主記憶の読み書き	主記憶の番地を指定し，値を読んだり書き込んだりする．
機械語プログラムの実行	主記憶上に用意された機械語プログラムを，指定の番地から実行する．
補助記憶装置からの読み出し	補助記憶装置から，必要なプログラムやデータを読み出して主記憶上に配置する．
補助記憶装置への書き込み	指定されたプログラムやデータを補助記憶装置に書き込む．
コンピュータの制御機能の提供	補助記憶装置や入出力装置の制御などの機能を，アプリケーションプログラムから利用可能な形式で提供する．
そのほか	メモリ内容の表示や，機械語プログラムのデバッグ機能など．

　コンピュータの処理が複雑化すると，モニタプログラムに対してさまざまな機能が要求されるようになる．要求される機能として，たとえば，複数のプログラムを同時並行的に動作させる機能や，セキュリティ管理の機能などがある．これに対応してモニタプログラムの機能は拡大し，やがて**オペレーティングシステム**

（Operating System, OS）[1] とよばれるようになった.

オペレーティングシステムの主な機能を表5.2 に示す. こうした機能はオペレーティングシステム自身が利用するとともに, アプリケーションプログラムから**スーパーバイザコール**という内部割り込み信号[2] を発生させることで適宜利用することができる. 以下の項では, 表5.2 に示すオペレーティングシステムの機能について, それぞれ概説する.

表5.2 **オペレーティングシステムの代表的な機能**

名称	説明
プロセス管理	コンピュータ上で稼働しているプログラムであるプロセスについて, プロセスの生成や終了, プロセスの状態遷移の制御などを管理する.
データ管理	補助記憶上のファイル管理や, データベース管理などを行う.
入出力管理	入力装置と出力装置を管理し, アプリケーションプログラムからの要求に応じてデータのやり取りをする.
セキュリティ管理	プログラムや, 主記憶や補助記憶上にあるデータ, あるいはネットワーク関連情報などのセキュリティを管理する.
利用者管理	利用者ごとの利用権限を定めて, コンピュータ利用者を管理する.
仮想化	ハードウェアを仮想化することで, より使いやすいシステムを利用者に提供する.

Note **オペレーティングシステムの起動方法**

オペレーティングシステムを利用するためには, 当然, オペレーティングシステムのプログラム自体を主記憶上に配置する必要がある. このためには, たとえば, オペレーティングシステムを不揮発性の ROM に格納して, 電源投入時にそのまま利用する形式を取ることが可能である. しかし, 複数のオペレーティングシステムを切り替えて利用したり, 必要に応じてオペレーティングシステムに修正を加えるためには, オペレーティングシステムを ROM に格納するのは不適当である.

そこで, オペレーティングシステムを補助記憶装置に格納しておき, コンピュータに電源を投入した際に自動的に補助記憶装置からオペレーティングシステムを主記憶に書き込み, これを実行する形式を取る. 現在のオペレーティングシステムでは, 主としてこの形式が利用されている.

---

[1] OS と略称でよぶ場合も多い. Windows や Linux はオペレーティングシステムの実例である.
[2] 第2章を参照.

　電源投入時に補助記憶装置からオペレーティングシステムを読み込むプログラムを，IPL（Initial Program Loader）とよぶ．IPL は ROM に格納されており，電源投入時に自動的に実行される（図5.2）．現在のコンピュータでは，IPL は必要最低限の機能しか有しておらず，主として本格的な読み込みプログラムを読み込むために利用される[1]．

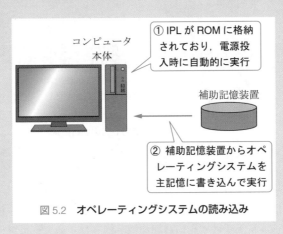

コンピュータ
本体

① IPL が ROM に格納
されており，電源投
入時に自動的に実行

補助記憶装置

② 補助記憶装置からオペ
レーティングシステムを
主記憶に書き込んで実行

図 5.2　**オペレーティングシステムの読み込み**

5.1.2　**プロセス管理**

Check!

　プロセスは，コンピュータ上で稼働しているプログラムを意味する用語である．プロセスは**タスク**ともよばれる[2]．

　一般に，コンピュータ上では複数のプロセスが同時並行的に稼働している．たとえば事務作業を行う場合，ワープロ（ワードプロセッサ）プロセスを用いて文章の入力を行いながら，電子メールの受信プロセスがメールの監視を行い，プリンタ出力プロセスがプリンタへのデータの送信を行う，というように，複数のプロセスが同時に稼働することで一度に異なる処理を実行している（図5.3）．

　複数のプロセスが同時並行的に処理を行う際，コンピュータに十分な数の CPU がなければ，真の意味での並列処理[3] は不可能である．そこで実際には，

---

†1 このため，オペレーティングシステムは多段階の読み込みを経て実行されることになる．
†2 元来，プロセスはミニコンピュータやワークステーションの分野で用いられていた用語であり，タスクは大型計算機の分野で用いられていた用語である．
†3 たとえば，CPU（コア）が2個あり，実行されるプロセスが2個であれば，すべての瞬間に同時に処理を進めることが可能である．しかし，プロセスが3個以上必要であれば，ある瞬間に実行できるプロセスは2個までとなり，真の意味での並列処理は不可能である．

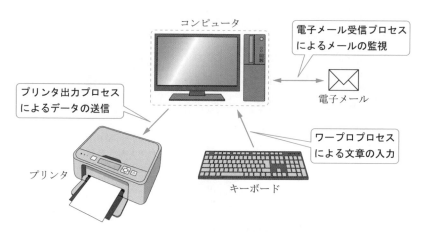

図 5.3　**プロセスの並行処理**

複数のプロセスに対して短い時間†ごとに切り替えて CPU を割り当てることで，同時にプロセスが稼働しているように見せかけている．

たとえば図 5.4 において，三つのプロセスが並行的に動作している場合，それぞれのプロセスの実行を短い時間間隔で切り替える．すると，ある瞬間における実行中のプロセスは一つであるが，利用者からは三つのプロセスが同時並行的に実行されているように見える．オペレーティングシステムは，こうしたプロセスの動作を管理する．

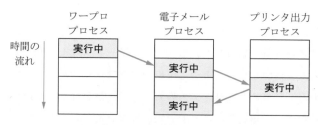

図 5.4　**プロセスの切り替えによる並行処理**

例題 5.1　あるコンピュータにおいてある時点で同時並行的に実行されているプロセスにどのようなものがあるかを調べるためには，オペレーティングシステムの種類ごとにコマンドや手順が用意されている．たとえば Windows では，Ctrl + Alt + Delete キーを入力してタスクマネージャーを起動することで，プロセ

---

†　たとえば 10 ミリ秒ごとに切り替える．

スの稼働状況を調べることができる．Linux では，シェルから ps コマンドを実行することで，プロセルの一覧を得ることができる．こうした機能を用いて，実際のコンピュータにおける稼働中のプロセスについて調査してみよ．

[答え]　結果はコンピュータごとに異なるが，ワープロや Web ブラウザなどのアプリケーションプログラムに対応したプロセスのほか，システムを管理するために必要なプロセスなどが多数見つかるであろう．

5.1.3　データ管理

オペレーティングシステムは，コンピュータ上のデータ資源を管理する，**データ管理**も担当する．データ管理の機能には，補助記憶装置上のデータを管理するファイル管理や，ファイルのバックアップの管理，外部記憶装置の管理，データベース管理[†1]，仮想記憶の管理[†2]などが含まれる．

ファイル管理機能は，利用者が簡便にファイルを利用できるような仕組みを与える機能である．たとえば，ディスク装置からデータを読み出す場合を考える．ディスク装置からデータを読み出すためには，ディスク上のどこに[†3]どれだけのデータが存在するかを指定して，順番に読み出さなければならない．ディスクアクセスのたびに利用者がこれらの処理を行うのは煩雑である．そこでオペレーティングシステムは，利用者によって指定されたファイル名からファイル管理表を用いてこれらの情報を調べて，読み出し権限をチェックしたうえで，利用者に代わってディスク装置からデータを取得する（図 5.5）．

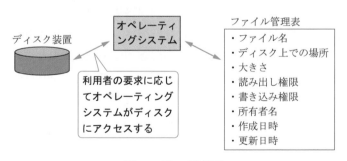

図 5.5　**ファイル管理**

---

†1 データベースについては第 6 章を参照．
†2 第 3 章を参照．
†3 シリンダ，トラック，セクタなどの番号を数値で指定する必要がある．

オペレーティングシステムが利用するファイル管理表には，ファイル名，ディスク上での場所（シリンダ，トラック，セクタなど），ファイルの大きさ，読み出しや書き込みの権限，ファイル所有者，作成や更新の日時などの情報が記載されている．オペレーティングシステムはこれらの情報を用いることで，ファイル名を指定するだけでファイルにアクセスできる機能を提供する．

例題 5.2　アプリケーションプログラムがオペレーティングシステムのファイル管理機能を利用しないでディスク装置上のファイルにアクセスするとしたら，どのような処理が必要か答えよ．

[答え]　ディスク装置のハードウェア機能を直接利用してデータにアクセスすることになるので，ファイルの位置情報（シリンダ，トラック，セクタの値）や，ディスク装置の制御に関する情報を，アプリケーションプログラムが適切なタイミングでディスク装置に与える必要がある．ファイル管理機能を利用してファイル名だけでファイルにアクセスする場合と比較すると，これらの処理は極めて煩雑である．

5.1.4　入出力管理

オペレーティングシステムは，入出力装置を管理し，アプリケーションプログラムからの要求に応じて入出力装置へのアクセスを行う．また，利用者が与えるコマンドを解釈・実行する，コマンドインタプリタの機能を提供する．さらに，ウィンドウシステムのようなグラフィカルユーザインタフェース（GUI）の機能も提供する．

コンピュータには多種多様の入出力装置が接続されるため，これらを統一的に管理する必要がある．オペレーティングシステムには，入出力装置を制御するためのプログラムである**デバイスドライバ**が組み込まれており，デバイスドライバを通してそれぞれの入出力装置を制御する．利用者やアプリケーションプログラムに対しては，オペレーティングシステムが統一的な入出力インタフェースを提供することで，ハードウェアの詳細を知ることなく，入出力装置を利用することが可能となる（図 5.6）．

入出力装置とのやり取りにおいては，データの**バッファリング**[†1] が行われる．たとえばプリンタへの出力[†2] について，オペレーティングシステムはアプリケー

[†1] データを送り出す側と受け取る側の処理速度の違いを吸収するために，送り出されたデータを一時的にメモリなどに保存する処理のこと．
[†2] プリンタ出力におけるバッファリング処理は，一般にスプーリングとよばれる．

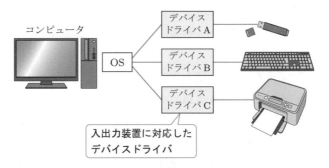

図 5.6 **デバイスドライバによる入出力装置の管理**

ションプログラムから出力データを一括して受け取り，バッファ領域に一時的に格納する．その後，プリンタに適宜出力データを転送して，印刷処理を行う．こうすることで，アプリケーションプログラムは印刷処理の終了を待つことなく，処理を続行することができる．

コマンドインタプリタは，コンピュータに与えられた命令を解釈し実行するシステムプログラム[†]である．図 5.7 に，Linux のコマンドインタプリタであるシェルの画面例を示す．

現在の多くのオペレーティングシステムは，**グラフィカルユーザインタフェース**（GUI）の機能を提供し，利用者やアプリケーションプログラムがウィンドウ

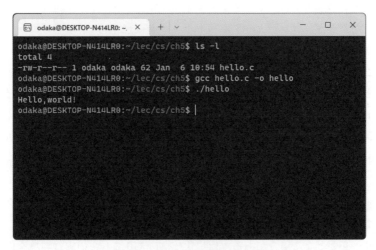

図 5.7 **コマンドインタプリタの画面例**（Linux のシェル）

---

† Linux におけるシェルや，Windows におけるコマンドプロンプトに対応する．

システムを簡単に利用できるような仕組みを与える. これらの仕組みは, オペレーティングシステムの入出力管理機能の一部として実現されることが多い.

5.1.5 セキュリティ管理と利用者管理

オペレーティングシステムは, コンピュータ上のデータやプログラムを災害や盗難から守る, **セキュリティ管理**も担当する. このために, 前述のファイル管理機能に含まれるセキュリティ機能を提供するほか, 実行中のプログラムであるプロセスの扱うメモリ上のデータ保護についても, オペレーティングシステムが管理する. さらに, 入出力やネットワークに関連したセキュリティ機能も提供する.

また, オペレーティングシステムは, **利用者管理**も担当する. 利用者の ID やパスワードなどに基づいて利用者の利用権限を制御し, 利用者の使用可能なデータやプログラムなどのソフトウェア資源, メモリや CPU および入出力装置などのハードウェア資源を決定する. また, 場合によっては, コンピュータの利用料金の計算を行い, 利用者に請求する金額 (**課金**) の管理も行う.

5.1.6 仮想化技術

コンピュータシステムにおける仮想化とは, ハードウェアを抽象化してより扱いやすい形で利用者に提供する技術である. 仮想化技術は, オペレーティングシステムの運用において, さまざまな局面で利用される.

たとえば, コンピュータハードウェアを仮想化して, 1台のコンピュータ上で複数のオペレーティングシステムを稼働させることを考える (図 5.8). こうすることで, 従来は複数台のコンピュータで提供していたサービスを1台のコンピュータに集約することができる. この結果, 管理対象となるコンピュータハードウェアは1台となるので, 複数のコンピュータを利用する場合と比較して, コンピュータの導入費用や, コンピュータシステムの管理運営に関する手間とコストを低減することができる.

別の例として, アプリケーションプログラムの稼働に必要な環境を個別に提供するために, 仮想化技術を用いる場合がある. アプリケーションプログラムによっては, プログラムの動作において, 特定のオペレーティングシステムやライブラリが必要となる場合がある. 仮想化技術によりこれらの実行環境を作り出すことで, さまざまなアプリケーションプログラムを1台のコンピュータで稼働させることが可能となる (図 5.9).

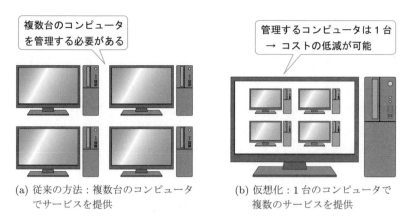

(a) 従来の方法：複数台のコンピュータ
でサービスを提供

(b) 仮想化：1 台のコンピュータで
複数のサービスを提供

図 5.8　**仮想化技術による管理コストの削減**

図 5.9　**多様な実行環境を提供するための仮想化技術**

このような仮想化は，さまざまな方法で実現することができる．たとえば，従来のオペレーティングシステムの上に仮想化の土台となる**仮想機械**（Virtual Machine, VM）をソフトウェアで作成し，その上で別のオペレーティングシステムを動作させる方法がある（図 5.10）．

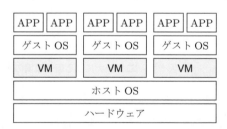

図 5.10　VM（**仮想機械**）とゲスト OS による仮想環境の実現
（APP：アプリケーションプログラム）

この場合，仮想機械上で動作するオペレーティングシステムを**ゲスト** OS とよび，VM を稼働させるオペレーティングシステムを**ホスト** OS とよぶ．ゲスト OS とホスト OS は，異なる種類のオペレーティングシステムでも構わない[†]．

別の方法として，仮想化専用のオペレーティングシステムを用意し，その上で直接ゲスト OS を稼働させる方式もある．この場合，仮想化のためのオペレーティングシステムを**ハイパーバイザ**とよぶ（図 5.11）．ハイパーバイザを用いる方法は，仮想機械を用いる方法よりオーバーヘッド（余計な手間）が小さく効率的である．

図 5.11 **ハイパーバイザを用いた仮想環境の実現**

ほかにも，アプリケーションプログラムの実行に必要な環境を一つのプロセスとして実現することで，VM やゲスト OS を用いずに，異なる環境を提供する方法がある．この環境を**コンテナ**とよぶ（図 5.12）．コンテナは，**コンテナエンジン**とよばれるソフトウェアによって制御・実行される．

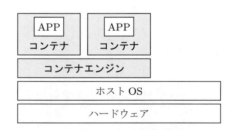

図 5.12 **コンテナによる仮想環境の実現**

例題 5.3　仮想化によって複数のサーバコンピュータを 1 台に集約した場合，どのようなメリットとデメリットが生じるか答えよ．

[†]　場合によっては，同じオペレーティングシステムでもよい．

[答え]　メリットとしては，コンピュータの台数が減るため，ハードウェアの導入コストやソフトウェアのライセンス料の削減が可能である．また，管理運営面においても，電気代やコンピュータ設置場所にかかる費用も減り，システム運用やバックアップの手間も小さくなるため，人件費も削減できる．

　デメリットとしては，仮想化システムの導入や管理には高度な知識が必要となることや，ハードウェアの障害によりコンピュータがダウンすると，複数のサービスが一度に停止してしまう危険性があることなどが挙げられる．

5.2 プロセスの制御

　ここでは，オペレーティングシステムの基本的な機能である，プロセス制御の具体的な方法について説明する．

5.2.1　プロセスの状態と状態遷移

　プロセスには大きく分けて**実行中**，**実行可能**，および**待ち**の三つの状態があり，それらの状態の間を適宜遷移する．図 5.13 に，プロセスの状態遷移図を示す．また，これらの状態の説明を表 5.3 に示す．

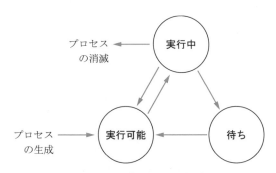

図 5.13　**プロセスの状態遷移図**

表 5.3　**プロセスの状態**

状態	説明
実行中	CPU，メモリ，入出力などの資源がすべて割り当てられていて，実際に処理を進めている状態．
実行可能	CPU 以外の資源割り当ては完了しているが，CPU が割り当てられていないので，処理が中断している状態．オペレーティングシステムが CPU を割り当てると実行中の状態に遷移する．
待ち	入出力待ちなど，CPU 資源以外の原因によって処理が中断している状態．

(1) プロセスの生成

利用者からのコマンド入力などによってプロセスが生成されると，プロセスは実行可能状態となる．図5.14では，生成されたP1プロセスが実行可能状態となっている．実行可能状態では，プロセスの実行に必要とされる資源が，CPUを除いてすべて準備される．この状態では，CPUが割り当てられていないため，プロセスの処理は進まない．

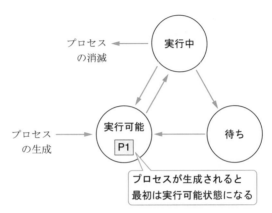

図 5.14　**プロセス P1 の生成**

(2) プロセスの実行

オペレーティングシステムは，実行可能状態のプロセスから適当な判断基準に従ってプロセスを選び，CPUを割り当てる．これにより，プロセスは実行中の状態に遷移する（図5.15）．実行中の状態では，プロセスは処理を進めることができる．

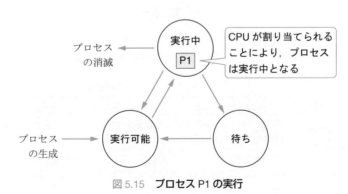

図 5.15　**プロセス P1 の実行**

(3) 待ち状態の遷移

実行中のプロセスが入出力待ちなどによって処理を進めることができなくなると，プロセスは実行中から待ち状態に遷移する（図5.16）．待ち状態のプロセスは，入出力待ちが解消すると実行可能状態に遷移して，CPUの割り当てを待つ．

プロセスはこのように状態遷移を繰り返し，やがてプロセスが処理を終了すると，プロセスは消滅する．

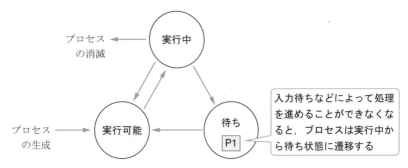

図 5.16　**入出力待ちによる待ち状態への遷移**

例題 5.4　プロセスの状態遷移において，実行可能状態から待ち状態への遷移が生じないのはなぜか説明せよ．

[答え]　待ち状態となるのは，実行中のプロセスが入出力などの処理を進めている際に進め続けられなくなった場合である．実行可能状態のプロセスはCPUが割り当てられておらず，処理を進めていない．このため，実行可能状態のプロセスが待ち状態に遷移することもない．

5.2.2　プロセスの優先度制御

ここでは，シングルコアのCPUが一つだけ稼働している環境を仮定して，プロセスの優先度制御について説明を進める．

いま，実行中のプロセスがなく，複数のプロセスが実行可能状態にあるとする．シングルコアのCPUが一つだけ稼働している環境では，ある瞬間に実行中となることのできるプロセスは最大1個である．そこで，オペレーティングシステムは実行可能状態のプロセスの中から一つだけプロセスを選んで，CPUを割り当てること[†]により実行中に遷移させる（図5.17）．

---

†　この操作をディスパッチとよぶ．

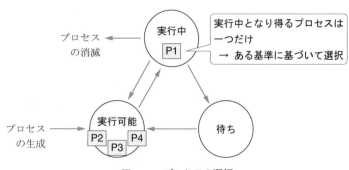

図5.17 **プロセスの選択**

このとき，オペレーティングシステムはある基準に基づいて一つのプロセスを選択する必要がある．これをプロセスの**スケジューリング**とよぶ．

スケジューリングの一つの方法として，**ラウンドロビン**とよばれる方式がある．ラウンドロビン方式では，各プロセスに対して順番にCPUを割り当てる．図5.17の例であれば，はじめに，たとえばプロセスP1にCPUを割り当てたら，一定時間後にP1を実行可能状態に戻し†，つぎにプロセスP2にCPUを割り当てて実行中とする．さらに一定時間後，P2を実行可能状態に戻して，プロセスP3にCPUを割り当てる，といった具合である．ラウンドロビン方式のタスクスケジューリングでは，すべてのプロセスが平等にCPU時間（CPUの処理時間）を割り当てられる．

ほかの方法として，**優先度順**のスケジューリングがある．プロセスの種類によっては，ほかのプロセスよりも優先して処理しなければならない場合がある．そこで，優先度順のスケジューリングでは，プロセスに優先度を割り当て，優先度の高いものからCPUを割り当てる．優先度順を採用すると，高優先度のプロセスが新たに生成されると，現在実行中のプロセスは実行可能状態に戻され，高優先度のプロセスが優先的に実行される．

例題 5.5 ラウンドロビンと優先度順は組み合わせて実施することが可能である．どのように実現すればよいか答えよ．

[答え] ラウンドロビンと優先度順を組み合わせると，つぎのようなスケジューリングを行うことになる．

---

† 実行中のプロセスからCPUを取り上げる処理を，プリエンプションとよぶ．

・優先度の高いプロセスを先に実行する.

・同一優先度のプロセスが複数ある場合,それらをラウンドロビン方式で実行する.
たとえば,図5.17において,P1が高優先度であり,P4が低優先度,P2とP3は中優
先度(両方とも同じ優先度)であるとする.すると,まずP1がCPUを割り当てられる.
P1が終了すると,P2とP3がラウンドロビン方式で実行される.これらが終了した後,
低優先度のP4が実行される.

Note そのほかのスケジューリング方式

　ここで紹介したスケジューリング方式以外にも,目的や用途に応じて,さま
ざまな方式が提案されている.たとえば,ラウンドロビンや優先度を利用した
スケジューリング方式では,必要に応じて実行中のプロセスからCPUを取り
上げる処理である**プリエンプション**が実施される.これに対して,プリエンプ
ションを行わないスケジューリング方式も考えられる.

　その一つの例として,プリエンプションを行わずにプロセスの生成順に実行
する方法がある.この方法では,生成されたプロセスを順に実行し,実行が終
わったら,つぎに生成されたプロセスを実行する.この方法によるスケジュー
リングは簡単だが,処理に時間のかかるプロセスがあると,その後のプロセス
の実行が長い間保留されてしまう欠点がある.このほか,処理時間の推定値を
使ってプロセスを選択する方法などもある.

　実際のオペレーティングシステムでは,ラウンドロビンや優先度順を含めて,
複数の方法を組み合わせた複雑なスケジューリング方法が利用されている.

5.2.3 プロセスの同期

　複数のプロセスが同時並行的に処理を進める際には,プロセスの処理の順番や
資源の割り当てなどについての制御が必要になる.たとえば,あるプロセスがデー
タを取得し,別のプロセスがそのデータを利用して計算を行う場合を考える.こ
の場合,データ取得のプロセスが取得したデータを出力し始めるまでは,計算プ
ロセスを実行することができない.そこで,データ取得のプロセスが終了するま
で計算プロセスは待っていなければならない.このようなプロセス間でのタイミ
ングの調整を,プロセスの**同期**という.

　プロセスを同期させるための方法の一つに,**プロセス間通信**がある.プロセス
間通信は,プロセスとプロセスの間でデータをやり取りする手段である.プロセ
ス間通信を利用すると,たとえば,データ取得と計算のプロセスは図5.18のよ

図 5.18 **プロセス間通信によるプロセスの同期（例）**

うな接続により同期することができる．

　プロセス間通信の実現例として，たとえば，Linux に代表される Unix 系オペレーティングシステムにおける，**ソケット**や**パイプ**などがある．

5.2.4　プロセスとスレッド

　プロセスはそれぞれ独立したプログラムとして実行されるため，実行に際してオペレーティングシステムの仮想記憶管理機能により専用のメモリ空間が割り当てられる．これは，プロセスの独立性を高めてシステムの安定性を向上させるための措置である．しかし一方，独立したメモリ空間で稼働する複数のプロセス間のデータ交換においては，プロセス間に共有メモリが存在しないため，余計な手間（オーバーヘッド）がかかる．この結果，たとえば Web ブラウザのように，画像や文章などを並行して同時にダウンロードするようなプロセスの集合においては，処理速度の低下を招く可能性がある．

　このような場合には，**スレッド**[†]とよばれる仕組みを利用することができる．スレッドは，同一のメモリ空間で複数個動作できる簡易的なプロセスであり，互いにメモリやファイルなどの資源を共有することができる．このため，プロセス間でデータをやり取りする場合に生じるオーバーヘッドは，スレッドを利用することで軽減できる．図 5.19 の (a) はこれまで説明してきたスレッドが一つだけ存在するプロセスを示しており，(b) は同一プロセス内に三つのスレッドが存在する場合を示している．

(a) スレッドを一つだけもつプロセス

(b) スレッドを複数もつプロセス

図 5.19 **スレッド**

[†]　軽量プロセスとよばれることもある．

5.2.5 カーネルの構成方法

プロセス管理に代表されるオペレーティングシステムの中心部分を，**カーネル**とよぶ．カーネルは，プロセス管理の枠外で実行され，オペレーティングシステムの基礎的な機能を実現する部分である．カーネルの構成方法には，大別して**モノリシックカーネル**と**マイクロカーネル**の二つがある（図5.20）．

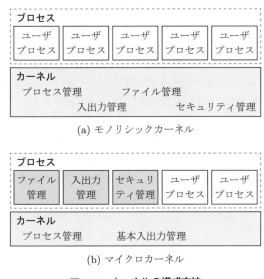

(a) モノリシックカーネル

(b) マイクロカーネル

図 5.20 **カーネルの構成方法**

モノリシックカーネル（図 5.20 (a)）は，カーネルの中にオペレーティングシステムの機能をすべて詰め込んだ形式である．カーネル内でさまざまな処理を実行するため効率的である反面，オペレーティングシステムの処理中に万一エラーが発生すると，すべての機能が停止してしまう危険性がある．このため，オペレーティングシステム自体の開発が難しくなる傾向がある．

マイクロカーネル（図 5.20 (b)）は，カーネル内にごく基本的な機能だけを備え，それ以外の機能はカーネルの外にプロセスとして実装する形式である．マイクロカーネルのカーネル内には，プロセス管理機能と基本的な入出力機能程度を配置し，ファイル管理や一般の入出力管理などの機能はプロセスとして実装する．マイクロカーネルを用いると，エラーへの対処が容易となり，堅牢なオペレーティングシステムを構築できる可能性がある．また，オペレーティングシステムの開発自体が容易になるメリットもある．しかし，オペレーティングシステム自体の処理効率は，プロセスの利用によるオーバーヘッドが生じるため，モノリシック

カーネルより劣る可能性がある.

章末問題 ●●

5.1 オペレーティングシステムやモニタプログラムを用いないで,ワープロや電子メールの機能を実装したパーソナルコンピュータのようなシステムを構築することは可能か答えよ.

5.2 プロセスの並行動作において,プロセスを一定時間間隔で切り替えるには,ハードウェアとしてどのような仕組みが必要か答えよ.

5.3 ファイルのバックアップ機能は,オペレーティングシステムのデータ管理機能の一部である.ファイルバックアップには,フルバックアップ,差分バックアップ,増分バックアップなどの方法がある.それぞれどのような方法か調査せよ.

5.4 オペレーティングシステムのファイル管理や入出力制御においては,共有資源をあるプロセスに独占的に利用させる仕組みである排他制御が必要になる.排他制御について調査せよ.

5.5 プロセスの状態遷移において,待ち状態から実行中の状態への遷移が生じないのはなぜか答えよ.

5.6 一つのプロセス内で複数のスレッドを利用する場合について,注意すべき点を挙げよ.

5.7 優先度順のスケジューリングを採用したオペレーティングシステムにおいて,プロセス A,プロセス B,およびプロセス C の三つのプロセスが実行可能状態であるとする.それぞれの優先度と,実行の様子はつぎの通りである.

名称	優先度	実行の様子
プロセス A	高	CPU 処理 1 ミリ秒 → 入出力処理 5 ミリ秒 → CPU 処理 2 ミリ秒
プロセス B	中	CPU 処理 3 ミリ秒 → 入出力処理 3 ミリ秒 → CPU 処理 1 ミリ秒
プロセス C	低	CPU 処理 2 ミリ秒 → 入出力処理 4 ミリ秒 → CPU 処理 2 ミリ秒

シングル CPU かつシングルコアのプロセッサを用いたコンピュータにおいて,プロセス A が実行状態になった後にプロセス C が終了するまでに要する時間を求めよ.また,この間の CPU の使用率はいくらか答えよ.ただし,入出力処理はそれぞれ独立に実行できるものとし,オペレーティングシステムのオーバーヘッドは考慮しないものとする.

6 システムソフトウェア

\この章の目標/

□ アプリケーションプログラムの作成や運用を支援するシステムソフトウェア
　として，プログラミング言語処理系とデータベースについて学ぶ．
□ 高級言語を機械語に翻訳するコンパイラと，ソースコードをそのまま解釈・
　実行するインタプリタについて理解する． ➡ 6.1 節
□ データベースの概念を理解し，代表例である関係データベースについて知る．
　➡ 6.2 節

6.1 プログラミング言語処理系

　ここでは，プログラミング言語の処理系としてコンパイラとインタプリタを取り上げ，それぞれの特徴や動作の違いなどについて説明する．また，プログラミング言語についていくつかの具体例を示し，その特徴を説明する．

6.1.1 高級言語と，コンパイラおよびインタプリタ

　第 2 章で述べたように，コンピュータハードウェアが実行できるプログラムは，機械語命令を並べた機械語プログラムだけである．しかし，機械語プログラムは人間には作成が難しく，理解も困難である．また，機械語は CPU の種類ごとに異なり，同じ処理を行うプログラムであっても，CPU の種類ごとに作成し直さなければならない．こうした問題を解決するために，アプリケーションプログラムの開発には**高級言語**†を用いるのが一般的である．

　高級言語は，数式やキーワードなどを組み合わせて処理を記述できる仕組みである．高級言語の具体例を表 6.1 に示す．

　高級言語によって記述されたプログラムは，そのままではコンピュータハードウェアで実行することはできない．そのため，高級言語のプログラムを実行する

---

† 人間の言葉に近い形で記述されるプログラミング言語の総称．高水準言語ともいう．

表6.1　**高級言語の具体例**

名称	説明
C言語	1970年代に開発された言語で，元来UNIXオペレーティングシステムの記述を目的として開発された．現在ではさまざまな目的で広く利用されている．一般にコンパイラ方式で実装される．
C++	1980年代に発表されたプログラミング言語．C言語の拡張版であり，C言語にはないオブジェクト指向などの機能が導入されている．一般にコンパイラ方式で実装される．
Python	1990年代に発表された，インタプリタによる実行を前提としたスクリプト言語．さまざまな分野[†1]のライブラリが用意されている．
Java	1990年代に開発された，ネットワーク環境を前提とした言語．実装にあたっては，コンパイラとインタプリタの両方を利用している．

には，コンパイラやインタプリタなどのプログラミング言語処理系が必要である．

6.1.2　コンパイラ

コンパイラは，高級言語によって記述されたプログラムを機械語に翻訳するプログラミング言語処理系である．コンパイラを用いて高級言語によるソースコードを実行するには，あらかじめソースコードを，コンパイラを用いてオブジェクトコード（機械語プログラム）に変換してから，変換結果である機械語プログラムを実行する必要がある．図6.1にコンパイラの処理過程を示す．

　図6.1において，破線で囲んだ部分が広義のコンパイラの処理過程を示している．これらの過程により，高級言語によって記述されたプログラムが機械語に翻訳される．

　破線内部に示した各部分では，段階的に変換処理が進められる．これらの処理には，高級言語のソースコードをアセンブリ言語[†2]のプログラムに変換する狭い意味でのコンパイラ[†3]や，アセンブリ言語のプログラムを機械語プログラムに変換するアセンブラ，ライブラリプログラムなどの実行に必要な機械語プログラムを結合するリンカ，および実行時のアドレスを指定するローダなどのプログラムが含まれる．

---

†1　機械学習，とくに深層学習向けのライブラリが豊富である．
†2　アセンブリ言語については6.1.4項を参照．
†3　一般に単にコンパイラというと，図6.1で示した破線枠内のすべてを含む広義のコンパイラを意味する場合が多いが，その一部である狭義のコンパイラを意味することもある．

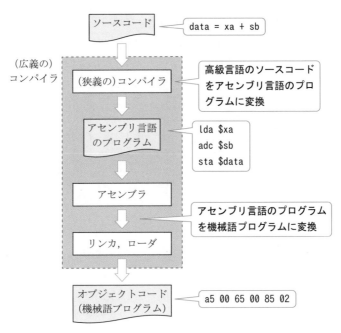

図 6.1　**コンパイラの処理過程**

6.1.3　**インタプリタ**

　コンパイラは高級言語により記述されたソースコードを機械語プログラムに変換するソフトウェアであるが，ソースコードを機械語プログラムに変換せずに実行する方法もある．この方法では，**インタプリタ**とよばれる言語処理系が利用される．

　インタプリタは，高級言語により記述されたソースコードを入力として，ソースコードに記述された処理内容を逐次的に解釈・実行する．図 6.2 にインタプリタの処理方法を示す．

図 6.2　**インタプリタの処理方法**

　インタプリタは，コンパイラと異なり，機械語プログラムへの変換を行わない．このため，プログラムを記述したそばから実行する†ことが可能であり，プログラミングの作業が容易になる．しかし一般に，コンパイラの出力した機械語プログラムを実行する場合と比較して，インタプリタによるプログラム実行には時間がかかり，実行速度が遅い場合が多い．

例題 6.1　以下の①〜④の言語のうち，主としてインタプリタ方式で実装されるものはどれか．
　　① C 言語
　　② C++
　　③ Python
　　④ Java

［答え］　③
　③の Python は，主としてインタプリタ方式で実装される．
　なお，④の Java は，コンパイラとインタプリタの両方を利用する形式で実装されるのが普通である．これに対して，①の C 言語や②の C++ は，主としてコンパイラ方式で実装される場合がほとんどである．

Note Java 言語処理系の実装方法

　Java では，コンパイル結果の機械語プログラムをネットワーク上の異なる種類のコンピュータで実行できるようにするために，コンパイラとインタプリタの両方が利用されている．Java 言語処理系の実装方法を図 6.3 に示す．

　Java によるプログラム実行においては，まず，ソースコードを Java のコンパイラでコンパイルする．コンパイラの出力は，特定の CPU 向けの機械語プログラムではなく，**Java 仮想マシン**（Java VM）とよばれる仮想機械向けの機械語プログラムである．この機械語プログラムを **Java バイトコード**とよぶ．Java 仮想マシンは一種のインタプリタであり，さまざまな CPU 向けの Java 仮想マシンが用意されている．そこで，一度コンパイラによって出力された Java バイトコードは，Java 仮想マシンを利用することによって，さまざまな CPU 上で変更せずにそのまま実行することが可能となる．

　なお，Java のコンパイラ自体も，Java バイトコードによって記述されてい

---

† コンパイルなど，事前の準備が不要である．

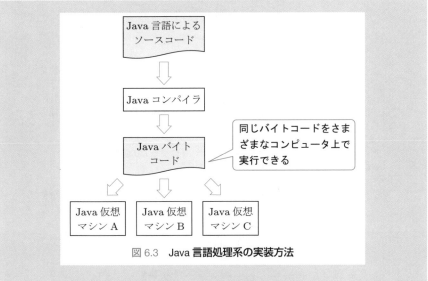

図 6.3 **Java 言語処理系の実装方法**

る．このため，サポートが必要な CPU が新たに生じたとしても，Java 仮想
マシンを開発するだけでただちにコンパイラも利用可能となる．

6.1.4 （狭義の）コンパイラの処理

ここでは，高級言語のソースコードをアセンブリ言語のプログラムに変換する，
（狭義の）コンパイラの処理について説明する．図 6.4 に，（狭義の）コンパイラ
の処理過程を示す．

（狭義の）コンパイラの出力は，アセンブリ言語のプログラムである．**アセン
ブリ言語**は，機械語プログラムと直接的な対応関係をもつが，2 進数や 16 進数
の代わりに英文字や記号を使うことができる言語である．アセンブリ言語を用い
ると，機械語命令やメモリの番地を英文字や記号を使って指定することができる
ため，数字の並びである機械語プログラムと比較して扱いが容易である．

図 6.4 に示すように，（狭義の）コンパイラにおいては，はじめに入力されたソー
スコードに対して**字句解析**を行うことで，入力行に含まれるプログラムの構成要
素であるトークン[†]を抽出し，それぞれのトークンの役割を決定する（図 6.5）．

[†] トークンとなるのは，変数名や予約語，演算子など，ひとまとまりの意味をもつ記号の並びである．

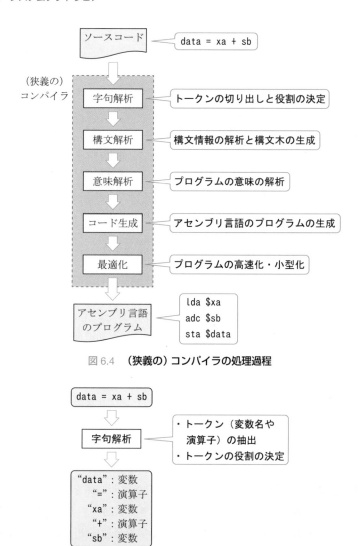

図 6.4　**（狭義の）コンパイラの処理過程**

図 6.5　**字句解析**

つぎに，**構文解析**によってトークンのつながりを調べ，その結果を**構文木**とよばれるデータ構造に変換する．図 6.6 では，入力されたプログラムが代入文を表しており，代入先となる左辺に変数 data が置かれ，右辺には変数 xa と変数 sb を＋演算子で結合した値（和の値）が表現されていることが，構文木によって示されている．

意味解析では，字句解析や構文解析の結果を利用して，入力行がどのような処

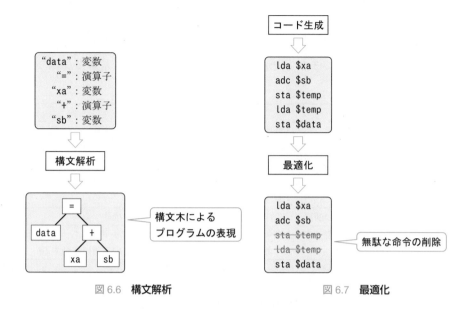

図6.6 **構文解析** 　　　　　図6.7 **最適化**

理を求めているのかを判断する．それらの結果を用いて，**コード生成**では，機械
語プログラムを生成する．コード生成は逐次的に行われるので，そのままでは無
駄な処理が行われる可能性がある．そこで**最適化**により，余分な機械語コードを
削除するなどして，機械語プログラムの高速化と省メモリ化を行う（図6.7）．

図6.7では，計算の途中経過をメモリ上の一時領域$temp に格納[†1]した後，そ
の直後に再び同じメモリ領域$temp からそのまま読み出し[†2]ているため，これ
らのコードは不要である．そこで，これらの命令を削除することで最適化をはかっ
ている．

例題6.2　CPU は高速であり，たとえば1000 MIPS のコンピュータであれば，
1秒間に10億回の命令実行が可能である．この場合，コンパイラの最適化にお
いて命令を一つ削除したとしても，命令一つ分の実行時間は1ナノ秒にすぎない．
なぜ最適化が必要か答えよ．

[答え]　一般にコンピュータプログラムでは，繰り返し処理が多用される．問題の条件
において，最適化によって削除された命令が10億回の繰り返し処理の内側に含まれる
のであれば，1命令の削除により1秒の実行時間短縮が可能である．

---

†1 「sta $temp」というコードに対応する．
†2 「lda $temp」というコードに対応する．

Note 最適化の手法

コンパイラが最適化を行う目的は，プログラムの高速化と省メモリ化である．このためにさまざまな手法が用いられる．表 6.2 に，主な最適化の手法を示す．

表 6.2　**コンパイラにおける最適化手法**

手法	説明
共通部分の削除	重複して同じ計算を行うコードを削除する．
変数割り当ての最適化	頻繁に利用する変数を高速な領域（CPU 内のレジスタなど）に配置する．
定数への置換	繰り返し行う計算のうち，あらかじめ定数として計算しておける部分を定数に置き換える．
不要なコードの削除	条件判定などで実行されない部分を削除する．
繰り返しの内側からのコードの移動	繰り返し処理の内側で実行されるコードのうち，繰り返しによって変化しない部分を繰り返しの外側に移動する．

6.1.5　プログラミング言語の具体例

ここでは，プログラミング言語の具体例を示す．また，プログラムの記述例を示す．

(1) C 言語，C++

C 言語は，UNIX オペレーティングシステムの記述を目的として 1970 年代に開発された，歴史のあるプログラミング言語である．コンパクトな言語仕様を有し，効率的なプログラムの作成が可能である．ハードウェア制御から大規模システムまで，さまざまなソフトウェアシステムの構築に利用されている．

C++ は，C 言語の後継として 1980 年代に発表されたプログラミング言語である．C++ は C 言語の上位互換のプログラミング言語として開発され，オブジェクト指向をはじめとして，C 言語にはないより新しい機能が追加されている．C++ は C 言語と同様，さまざまなソフトウェアシステムの開発に利用されている．

図 6.8 に，C 言語のプログラム例を示す．

```
/* C 言語のサンプルプログラム */
#include <stdio.h>
#include <math.h>

/*main 関数 */
int main()
{
    double data ;    /* 入力値 */
    int n = 0 ;

    /* 入力と計算の繰り返し */
    while(scanf("%lf",&data)!=EOF){
        ++n ;
        /* 値の出力 */
        printf("(%d) 入力値：%lf¥n",n,data) ;
        printf("    逆数   ：%lf¥n",1.0/data) ;
        printf("    平方根：%lf¥n",sqrt(data)) ;
    }
}
```

(a) ソースコードの例

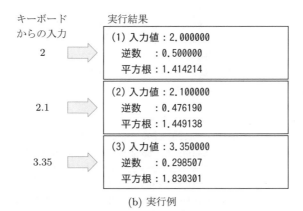

(b) 実行例

図 6.8　C 言語のプログラム例

(2) Python

　Python は，1990 年代初頭に発表されたプログラミング言語であり，インタプリタ形式で実行される．Python はいわゆるスクリプト言語の一種であり，プログラムの記述が容易であり，豊富なライブラリが利用できるといった特徴がある．

　図 6.9 に，Python のプログラム例を示す．

```
"""
   Python のサンプルプログラム
"""

# モジュールのインポート
import math

# 大域変数
N = 100

# メイン実行部
h = 1.0 / N
yn = 1.0

# 微分方程式の数値計算（オイラー法）
print(yn)
for i in range(0 , N) : # 計算範囲内を順に処理
        yn += yn * h
        print('{:.20f} {:.20f}'.format(yn,math.exp((i + 1) * h)))
```

(a) ソースコードの例

```
1.0
1.01000000000000000888  1.01005016708416794913
1.02010000000000000675  1.02020134002675577634
1.03030099999999991134  1.03045453395351693793
1.04060400999999980165  1.04081077419238821058
1.05101005009999970419  1.05127109637602411674
· · ·
2.57353755005879580864  2.58570965931584639819
2.59927292555938382890  2.61169647342311783689
2.62526565481497753396  2.63794445935415255988
2.65151831136312710058  2.66445624192941687980
2.67803349447675831385  2.69123447234926205240
2.70481382942152581705  2.71828182845904509080
```

(b) 実行結果

図 6.9　Python のプログラム例

(3) Java

　Java は，1990 年代に発表されたプログラミング言語であり，C 言語や C++
よりも新しい機能を備えている．前述のように，Java はネットワークを前提と
した実装方法が採用されており，ネットワークを用いるアプリケーションプログ
ラムの開発に向いている．また，Java はオブジェクト指向言語であり，さまざ
まなソフトウェアライブラリがオブジェクト指向の考え方によって使いやすい形
式で提供されている．

　図 6.10 に，Java のプログラム例を示す．

```java
// Java のサンプルプログラム
import java.io.* ;
public class Javaex{
    public static void main(String[] args){
        int i ;
        for(i=0;i<100;++i)
            System.out.println(i + " " + i*i + " " + i*i*i) ;
    }
}
```

(a) ソースコードの例

```
0 0 0
1 1 1
2 4 8
3 9 27
4 16 64
5 25 125
6 36 216
7 49 343
8 64 512
( 以下出力が続く )
```

(b) 実行結果

図 6.10　Java のプログラム例

Note オブジェクト指向

オブジェクト指向とは，情報処理を担う実体であるオブジェクトが互いに情報をやり取りすることで情報処理システムを動作させると考える，情報処理システム構築上のパラダイムである．

プログラミング言語におけるオブジェクト指向は，情報処理の単位であるオブジェクトを複数用意することでプログラムを構成するという考え方である．この場合，オブジェクトには，処理手続きと処理対象データの両方が含まれる．また，オブジェクトを生成する際には，あらかじめオブジェクトのひな形となるクラスを記述しておき，必要に応じてクラスからオブジェクトを生成する方法が取られる場合が多い．また，オブジェクト指向プログラミング言語では，継承とよばれる，クラスを効率的に記述する仕組みが用意されている場合が多い．継承を用いると，大規模なソフトウェアシステムを効率良く記述できることが知られている．

オブジェクト指向はプログラミング言語だけでなく，システム分析やソフトウェア設計にも用いられる．オブジェクト指向を利用してソフトウェアを分析・設計した場合には，プログラミング言語にもオブジェクト指向言語を用いることで効率的なプログラム実装が可能である．また，オブジェクト指向はデータベースにおけるデータモデルとしても用いられる．

6.2 データベース

ここでは，大量のデータを効率良く扱うためのシステムであるデータベースについて説明する．

6.2.1 データベースの概念

コンピュータは電子計算機であり，本来は計算を行う装置である．しかし，現在では計算の要素は少なく，むしろ，データの整理や検索，あるいは情報の加工といったデータ操作が，コンピュータによる情報処理の主体となっている（図6.11）．

こうした操作を行うには，オペレーティングシステムの提供するファイル処理機能だけでは不十分であり，それを補う機能を有したシステムソフトウェアが求められる．このために，**データベース**の概念が提唱された．

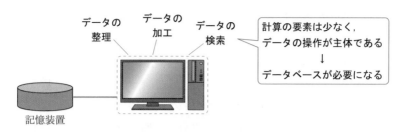

図 6.11 **現在のコンピュータによる情報処理**

表 6.3 **データモデルの例**

名称	説明
階層モデル	データの項目を木構造で表現する．ファイルシステムと親和性が高く，効率が良い．
ネットワークモデル	データの項目をネットワークで表現する．柔軟なデータ表現が可能である．
関係モデル	データ項目どうしの関係をモデル化したデータモデルである．関係演算という数学的手法を適用することができ，柔軟で効率的な処理ができる．
オブジェクトモデル	オブジェクト指向の枠組みを用いたデータモデルである．

　データベースは，データ表現についての標準的なモデルである**データモデル**に従って表現された，データの集まりである．データモデルの例を表 6.3 に示す．

　データベースでは，捜査対象とする現実世界におけるデータの特性に合わせてデータモデルを選定し，データモデルに沿ってデータベースを構築する．この際，データベースの作成や操作を行うのが**データベース管理システム**（Database Management System，**DBMS**）である．データベース管理システムを用いることで，アプリケーションプログラムはデータベースの構築や操作を容易に行うことができる．

例題 6.3　いま，アプリケーションプログラムとして，会員情報の登録管理システムを構築するとする．会員情報の検索機能について考えると，アプリケーションプログラムにおいてデータベースを利用した場合としない場合とでは，プログラミング作業にどのような差異が生じるか．それぞれ答えよ．

[答え]　データベースを用いた場合，データベースに格納した会員情報の検索は，データベース管理システムに対して検索コマンドを発行するだけで行うことができる．これに対して，データベースを用いない場合には，繰り返しや比較などを複雑に組み合わせたプログラムの処理が必要となるため，プログラミング作業ははるかに複雑になる．

6.2.2 関係データベース

現在最もよく利用されているデータベースは，関係モデルを用いた**関係データベース**（relational database，**リレーショナルデータベース**）である．

関係データベースは，関係モデルとよばれるデータモデルに基づいて構築される．関係モデルでは，ある一つのデータは**タプル**（tuple，組）とよばれる，**属性**（attribute）の集まりによって表現される．関係データベースでは，タプルの集合である**関係**（relation，リレーション）を操作対象とする．

関係の例を図 6.12 に示す．この図は，ある組織の会員名簿を関係モデルに従って表現した例である．この例では，一人の会員を一つのタプルにより表現している．タプルには，会員 ID，氏名，居住地の三つの属性が含まれている．会員は 5 名なので，タプルが 5 個集まって関係を構成している．図 6.12 (b) では便宜上表形式で関係を表現したが，関係は表と異なり，属性の順番やタプルの並び順には意味がなく，順不同である．そのため，関係は，単なる表では不可能な，柔軟なデータ操作が可能である．

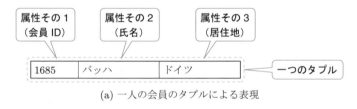

(a) 一人の会員のタプルによる表現

会員 ID	氏名	居住地
1685	バッハ	ドイツ
1756	モーツァルト	オーストリア
1770	ベートーヴェン	ドイツ
1862	ドビュッシー	フランス
1875	ラヴェル	フランス

関係（タプルの集合）

(b) 会員名簿の関係による表現

図 6.12　関係データベースにおける関係の例（会員名簿）

関係モデルで表現された関係データベースに対しては，**関係演算**とよばれる操作が可能である．この演算体系を**関係代数**とよぶ．関係演算の例を図 6.13 ～ 6.15 に示す．

図 6.13 は，**選択**（selection）とよばれる関係演算の例である．選択演算では，

会員 ID	氏名	居住地
1685	バッハ	ドイツ
1756	モーツァルト	オーストリア
1770	ベートーヴェン	ドイツ
1862	ドビュッシー	フランス
1875	ラヴェル	フランス

"居住地"＝"ドイツ"
を選択

"居住地"＝"フランス"
を選択

会員 ID	氏名	居住地
1685	バッハ	ドイツ
1770	ベートーヴェン	ドイツ

会員 ID	氏名	居住地
1862	ドビュッシー	フランス
1875	ラヴェル	フランス

図 6.13　**選択**

特定の値の属性をもつタプルを抽出し，それらの集合として新たな関係を作成する．図 6.13 では，居住地を指定して会員を選択することで，居住地がドイツやフランスである会員についての関係を作成している．

図 6.14 は，**射影**（projection）演算の例である．ここでは，射影演算を用いて，名前の一覧や居住地の一覧を作成している．射影演算は，特定の属性を取り出す演算である．演算結果は数学的な意味での集合になるので，重複が削除される[†]．

会員 ID	氏名	居住地
1685	バッハ	ドイツ
1756	モーツァルト	オーストリア
1770	ベートーヴェン	ドイツ
1862	ドビュッシー	フランス
1875	ラヴェル	フランス

属性"氏名"を抽出

属性"居住地"を抽出

氏名
バッハ
モーツァルト
ベートーヴェン
ドビュッシー
ラヴェル

居住地
ドイツ
オーストリア
フランス

図 6.14　**射影**

[†]　ここでは，居住地についての演算結果のうちから，ドイツやフランスの重複が削除されている．

射影演算では，複数の属性を取り出すことも可能である．

図 6.15 は，**結合** (join) 演算の例である．結合演算では，ある属性を手掛かりに二つの関係を結び付けて，新たな関係を作り出すことができる．図の例では，会員名簿とアカウント名を，会員 ID を手掛かりとして結合している．関係データベースでは，結合演算によってさまざまな関係を新たに作り出すことが簡単にできる．このため，データベースに保存するデータは必要最小限度にとどめて，必要に応じてそれらを結合演算によって組み合わせることで，データの処理を進めることが可能である．

会員名簿

会員 ID	氏名	居住地
1685	バッハ	ドイツ
1756	モーツァルト	オーストリア
1770	ベートーヴェン	ドイツ
1862	ドビュッシー	フランス
1875	ラヴェル	フランス

アカウント名

会員 ID	アカウント名
1862	debussy
1756	moz
1685	bach

会員 ID で結合

会員 ID	氏名	居住地	アカウント名
1862	ドビュッシー	フランス	debussy
1756	モーツァルト	オーストリア	moz
1685	バッハ	ドイツ	bach

図 6.15　**結合**

6.2.3　SQL

実際のプログラムにおいてデータベースを操作するには，データベース操作のための言語を利用する．関係データベースにおいては，SQL[1] という言語が用意されている．SQL は，ほかのプログラミング言語[2] で記述されたプログラム内に埋め込んで利用する[3] のが普通である．

SQL を用いると，データベースの作成や関係の定義，具体的なデータの格納などの操作が簡単に記述できる．また，こうして作成した関係に対して，選択や

---

[1] Standard Query Language. 読み方は，そのまま「エスキューエル」，または「シークェル」．
[2] C言語，C++，Java，Python など，さまざまなプログラミング言語で記述されたプログラムから，SQL を利用することができる．
[3] すなわち，ほかのプログラミング言語で記述したプログラムの中から，SQL のコマンドを呼び出すことで，データベース関連の処理を進めるのである．

射影,結合といったデータの操作を容易に適用することができる.図6.16 ～ 6.18
に,SQLによるデータ操作の例を示す.図では,あらかじめ図6.12 (b) の会員
名簿をMeiboという名称で,また,図6.15のアカウント名をAccという名称で
関係として定義したうえで,それぞれのコマンドを実行した結果を示している.

図6.16は,選択演算の実行例である.SELECTコマンドを用いて,会員名簿で
あるMeiboから,居住地 (kyojyuchi) がドイツであるタプルを抽出している.ま
た,図6.17では,同じく選択演算の例として,SELECTコマンドを用いて,会員
名簿であるMeiboから,会員ID (id) が1800よりも大きいタプルを抽出している.

コマンド

```
SELECT * FROM Meibo WHERE kyojyuchi = 'ドイツ'
```

実行結果

```
1685, 'バッハ', 'ドイツ'
1770, 'ベートーヴェン', 'ドイツ'
```

図 6.16　SQL によるデータ操作.選択の例①：居住地がドイツのタプルを抽出する.

コマンド

```
SELECT * FROM Meibo WHERE id > 1800
```

実行結果

```
1862, 'ドビュッシー', 'フランス'
1875, 'ラヴェル', 'フランス'
```

図 6.17　SQL によるデータ操作.選択の例②：会員 ID が 1800 より大きいタプルを
抽出する.

図6.18は,射影演算の例である.SELECT DISTINCTコマンドにより,会員名
簿 (Meibo) から居住地 (kyojyuchi) を取り出している.

コマンド

```
SELECT DISTINCT kyojyuchi FROM Meibo
```

実行結果

```
'ドイツ'
'オーストリア'
'フランス'
```

図 6.18　SQL によるデータ操作.射影の例：属性'居住地'を抽出する.

　図6.19は，結合の例である．ここでは，会員名簿（Meibo）とアカウント名（Acc）を，会員ID（Meibo.idおよびAcc.id）を手掛かりとして結合している．この例では，SELECTコマンドをINNER JOINという指定の下で実行している．この結果は関係演算における結合と若干異なり，一つのタプルの中に同じ会員IDが2回出現している．このように，SQLコマンドの挙動は，関係演算とまったく同等にはならない場合がある．

コマンド

```
SELECT * FROM Meibo INNER JOIN Acc ON Meibo.id=Acc.id
```

実行結果

```
1685, 'バッハ', 'ドイツ', 1685, 'bach'
1756, 'モーツァルト', 'オーストリア', 1756, 'moz'
1862, 'ドビュッシー', 'フランス', 1862, 'debussy'
```

図6.19　SQLによるデータ操作．結合の例：会員名簿とアカウント名を，会員IDを手掛かりとして結合する．

　実際にSQLを利用する場合には，SQLの処理系を用意しなければならない．よく用いられるSQL処理系として，IBM社やOracle社，Microsoft社などが供給する製品のほか，オープンソースの処理系の，MySQLやPostgreSQL，SQLiteなどがある．

6.2.4　トランザクションの概念

　データベースの更新において，処理の過程で複数の処理手順が必要となる場合がある．このとき，更新作業の途中でエラーが発生するなどして一連の更新作業が完了しなかった場合には，データベースの整合性が保たれなくなる危険性がある．そこで，一連の更新作業をひとまとめの処理ととらえて，整合性を保証する必要がある．このとき，ひとまとめとした一連の更新作業を**トランザクション**[†]とよぶ．

　たとえば，図6.20において，関係「未処理」からある項目を読み出して削除したうえで処理を施し，結果を関係「処理済み」に格納することを考える．

[†]　トランザクションの概念は関係データベースに固有のものではなく，一般にデータの更新作業などにおける不可分な一連の処理のまとまりを指す概念である．

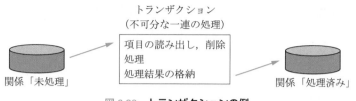

図 6.20　**トランザクションの例**

もし関係「未処理」から項目を読み出して削除した後にエラーが発生して，処理結果を関係「処理済み」に格納できなかったとすると，読み出して削除した項目に関する情報がデータベースから失われてしまい，データベースの整合性が損なわれてしまう．そこで，項目の読み出しから結果の格納までを一つのトランザクションととらえ，トランザクションを構成する一連の操作がすべて完了するか，あるいは，処理がまったく行われずに最初の状態を保つのどちらかとなるように制御する必要がある．このとき，処理を完了したことを**コミット**したといい，まったく処理を行わなかった状態に巻き戻したことを**アボート**[†]したという．

　トランザクションが開始されると，最終的には，処理が正しく完了してコミット済みの状態となるか，まったく処理を行わなかった状態に戻ったアボート済みの状態のどちらかとなる．開始からこれらの状態に至るトランザクションの状態遷移を，図 6.21 に示す．

図 6.21　**トランザクションの状態遷移**

　図 6.21 において，トランザクションが開始されて**アクティブ**になった後，すべての一連の処理が正しく終了すれば，続いてコミットするための処理が進められ，最後にトランザクションの状態はコミット済みとなる．これに対して，トランザクションの処理やコミット処理が失敗した場合には，アボートの処理を行わなければならない．アボート処理においては，データベースの状態を元の状態に

---

†　一般に，不具合によって処理を中断することを意味する．たとえば，オペレーティングシステムやアプリケーションプログラムのアップデート時にエラーなどにより処理を中断する場合，「アップデート処理をアボートした」と表現する．

戻す処理が行われる．この処理を**ロールバック**とよぶ．ロールバックにより，データベースはトランザクション開始前の状態に戻り，トランザクションの状態はアボート済みとなる．

Note　ACID 特性

　　トランザクション処理においては，トランザクションを不可分な一連の処理としてとらえることで，データベースの整合性を保証している．この性質を**原子性**とよぶ．トランザクション処理においては，原子性を含めて，以下の四つの性質が満足されることが求められる．

- Atomicity（原子性）
- Consistency（一貫性）
- Isolation（独立性）
- Durability（耐久性）

これらの性質を，頭文字から **ACID 特性**とよぶ．

　　これらのうち，**一貫性**は，トランザクション処理によってデータベースが壊されることのないことを意味し，**独立性**は，複数のトランザクションが実行されても矛盾が生じない性質を意味する．また，**耐久性**は，トランザクションが終了したら，障害などによってもその結果が失われないことを意味する．

章末問題

6.1　高級言語の実装において，どのような場合にコンパイラ方式を用いるべきか．また，どのような場合にインタプリタ方式を用いるべきか．それぞれ答えよ．

6.2　コンパイラが中間段階においてアセンブリ言語のプログラムを生成していることを，実際のコンパイラを用いて確認してみよ．

6.3　Java バイトコードの実行において，Java 仮想機械は実は単なるインタプリタとして動作しているだけでなく，適宜バイトコードを機械語プログラムにコンパイルしながら実行している．この仕組みを JIT（Just in Time）コンパイラとよぶ．JIT コンパイラについて調査せよ．

6.4　図 6.22 は関係データベースにおける関係の例（会員名簿）である．ここから氏名の一覧を取り出す場合に用いる関係演算は，つぎのうちどれか答えよ．

選択　　射影　　結合　　和集合　　差集合

会員名簿

会員ID	氏名	居住地
1685	バッハ	ドイツ
1756	モーツァルト	オーストリア
1770	ベートーヴェン	ドイツ
1862	ドビュッシー	フランス
1875	ラヴェル	フランス

氏名
バッハ
モーツァルト
ベートーヴェン
ドビュッシー
ラヴェル

図 6.22

6.5 図 6.23 はトランザクションの状態遷移を表しているが，1箇所だけ決して発生しない状態遷移が含まれている．この遷移を指摘し，なぜ発生しないのかを説明せよ．

図 6.23 **トランザクションの状態遷移（ただし，決して発生しない状態遷移を含むため，この図の一部は正しくない点に注意）**

6.6 コンパイラとインタプリタの両方の処理系が用意されているプログラミング言語があるとする．この言語で記述したプログラムのソースコードについて，コンパイラによって出力された機械語プログラムでは実行開始から終了まで100マイクロ秒を必要とする．また，同じソースコードについて，インタプリタでは実行開始から終了まで1ミリ秒を必要とするという．ただし，ソースコードのコンパイルには500マイクロ秒が必要であり，インタプリタの起動には100マイクロ秒が必要である．コンパイラとインタプリタについて，処理の開始からプログラムの実行終了までに要する時間をそれぞれ示せ．

7 ネットワーク

\この章の目標/

□ インターネットなどのコンピュータネットワークについて，その構成方法と通信方法を学び，代表的なネットワークアプリケーションについて知る.

□ ネットワークの構成方法の枠組みを与える OSI 参照モデルの概念を理解し，OSI 参照モデルの内容を具体的なプロトコルとともに知る. ➡ 7.1 節

□ インターネットの標準的なプロトコルである TCP/IP を知り，ネットワークにおける基礎的な通信方法を理解する. ➡ 7.2 節

□ Web や電子メールなどのネットワークアプリケーション，ネットワークを管理運用するためのプロトコル，クラウドなどのネットワークコンピューティングの概念について理解する. ➡ 7.3，7.4 節

7.1 ネットワークの構成

　ここでは，コンピュータネットワークの原理とネットワークアーキテクチャの考え方を示し，ネットワークアーキテクチャの代表的なモデルである OSI 参照モデルについて説明する.

7.1.1 コンピュータネットワークとは

Check!
👍 **コンピュータネットワーク**（以下，単にネットワークとよぶ）とは，コンピュータどうしを通信路で結び付けることで，コンピュータ間でデータの送受信を行えるようにしたシステムである（図 7.1）.

Check!
👍 　多くの場合，ネットワーク上を流れるデータは**パケット**（packet）†である. パケットは，送りたいデータに加えて，データの宛先や発信元などの制御情報を付加したデータのかたまりである（図 7.2）. パケットの送受信は通信路を占有せずに行えるので，通信路の効率的な運用が可能である.

---

† 本来は小包の意味である.

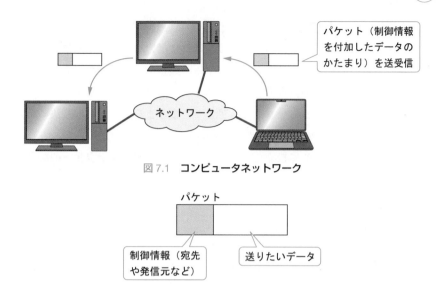

図 7.1 **コンピュータネットワーク**

図 7.2 **パケット：データと制御情報をひとまとめにした，データのかたまり**

　パケットの送受信により，あるコンピュータから別のコンピュータにデータを送ることができるので，コンピュータ間でのデータの送受信や共有が可能となる．さらに，プログラムを共有してネットワークを介したさまざまな処理を行うことが可能となるので，電子メールや WWW（World Wide Web）などのさまざまなネットワークアプリケーションを実現することができる．

　パケットによる通信の方式を**パケット交換**とよぶ．パケット交換では，1 本の通信路を多くのコンピュータで共有して，それぞれがパケットを送受信することができる．これに対して，通信路を共有せず，通信を行っている間は通信路を占有してデータをやり取りする通信の形式もあり，この方法を**回線交換**とよぶ.

例題 7.1　回線交換とパケット交換のメリットとデメリットを考えよ.

[答え]　回線交換では，あるコンピュータが通信路を使っている間はほかのコンピュータは通信することができない．パケット交換では，パケットの流れていないタイミングでいつでも通信を行うことができるため，通信路の効率的な利用が可能である．ただし，パケット交換では，必ず制御情報をパケットに付与するため，送受信したいデータ以外の余分な情報のやり取りが必要になる．回線交換では，いったん回線が設定されれば，通信中は制御情報を送受信する必要はない．

　なお，インターネットをはじめとした現在のネットワークは，基本的にパケット交換によって実現されている.

7.1.2　ネットワークアーキテクチャの概念

　ネットワークの構築にあたっては，通信に用いるケーブルの規格やケーブルを流れる信号の形式，信号をやり取りする手順，データのかたまりであるパケットの運び方，データの表現方法，具体的なネットワークアプリケーションの働きなど，ハードウェアからソフトウェアまでさまざまなレベルの取り決めを定めなければならない．これらの通信のための取り決めを**プロトコル**（protocol）[†]とよぶ．プロトコルを体系的に扱うために，**ネットワークアーキテクチャ**の概念が提唱された（図 7.3）．

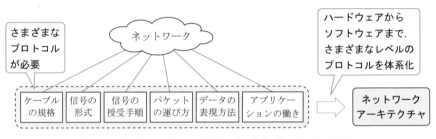

図7.3　**ネットワークアーキテクチャ（プロトコルの体系化）**

　ネットワークアーキテクチャとは，ネットワークプロトコルの構成を体系化した，プロトコルの目次のようなものである．標準化されたネットワークアーキテクチャの代表例として，ISO（国際標準化機構）が 1983 年に示した **OSI 参照モデル**がある．OSI 参照モデルでは，ハードウェアからソフトウェアまでのプロトコルを七つの階層に分けて，それぞれの階層において定めるべきプロトコルの内容を規定している．表 7.1 に OSI 参照モデルの概要を示す．

　OSI 参照モデルの第 1 層は**物理層**であり，通信路やネットワーク機器の物理的なプロトコルを規定する（図 7.4）．物理層には，たとえば通信路の種類や信号の性質，通信速度などに関するプロトコルが含まれる．

　第 2 層の**データリンク層**では，物理層のプロトコルによって接続された 2 台のコンピュータの間でデータをやり取りする方法についてのプロトコルを規定する（図 7.5）．データリンク層プロトコルには，たとえば，データリンク層レベルのパケットの構成方法，パケットの送受信の方法，パケットの宛先の指定方法，エラー検出の方法などが含まれる．データリンク層パケットのデータ部には，よ

---

†　本来は，外交儀礼や議定書といった意味である．

表 7.1　OSI 参照モデル

階層		名称	規定する内容
上位層	第7層	アプリケーション層	アプリケーションプロトコル
	第6層	プレゼンテーション層	データの表現やセキュリティ
	第5層	セション層[†1]	セッションの管理
下位層	第4層	トランスポート層	エラーのない完全な通信路の提供
	第3層	ネットワーク層	ネットワークを越える通信方法
	第2層	データリンク層	1対1の接続方法
	第1層	物理層	物理的な（ハードウェア上の）取り決め

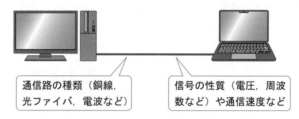

図 7.4　**物理層：通信路やネットワーク機器の物理的なプロトコルを規定**

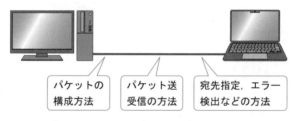

図 7.5　**データリンク層：2台のコンピュータの間でデータをやり取りする方法についてのプロトコルを規定**

り上位のプロトコル[†2] で規定されたパケットが格納される．また，データリンク層パケット自体は，物理層プロトコルに従って伝送される．

　第3層の**ネットワーク層**は，ネットワークを複数接続した環境において，あるコンピュータから別のコンピュータへネットワークを横断してパケットを届ける方法に関するプロトコルを規定する（図 7.6）．ネットワーク層で規定されたパケットのデータ部には，上位プロトコルのパケット[†3] が格納される．

---

†1 「セション層」は JIS の用語であるが，「セッション層」と表記する場合もある．
†2 具体的には，ネットワーク層プロトコルで規定されたパケットが格納される．
†3 すなわち，トランスポート層プロトコルで規定されたパケットである．

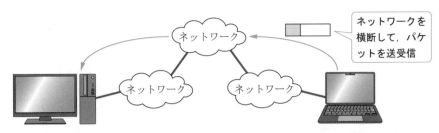

図 7.6　**ネットワーク層：ネットワークを横断してパケットを届ける方法に関するプロトコル を規定**

Check!　第4層の**トランスポート層**は，第1層から第3層までのプロトコルを補完して，あるコンピュータ上で稼働するプログラムから別のコンピュータ上のプログラムまでの間を，仮想的な通信路で直結したような通信状態を提供するプロトコルを規定する（図7.7）．これまで同様に，トランスポート層のパケットのデータ部には，より上位のプロトコルで規定されたパケットが格納される．

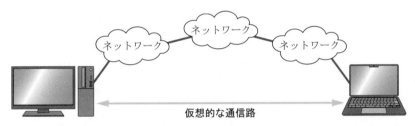

図 7.7　**トランスポート層：二つのプログラムの間を仮想的な通信路で直結したような通信状 態を提供するプロトコルを規定**

Check!　以上の第1層から第4層をまとめて**下位層**とよぶ．下位層の働きにより，ネットワークプログラムどうしがあたかも直接接続されているかのような通信状態が実現され，さまざまなネットワークアプリケーションプログラムを容易に開発することができるようになる．

　第5層から第7層をまとめて**上位層**とよぶ．第5層の**セション層**は，通信の開始や終了，あるいは中断といった，セッション管理に関するプロトコルを規定する．第6層の**プレゼンテーション層**は，データ表現の方法や，ネットワークセキュリティに関するプロトコルを規定する．第7層の**アプリケーション層**は，アプリケーションプログラムに関するプロトコルである．

　OSI 参照モデルでは，各層のプロトコルはそれぞれ独立であり，どのような組み合わせで各層のプロトコルを利用しても差し支えない．このため，たとえば，

物理層で通信路として電波を選択するか，あるいは光ファイバを選択するかは，より上位の階層のプロトコルの選択とは独立に考えることができる．

実際のネットワークプロトコルと OSI 参照モデルの対応を表7.2に示す．表7.2で，上位層のプロトコルは一つにまとめて例を示している．これは，インターネットで用いられるプロトコルにおいては，第5層から第7層の区別はあまり明確でなく，ひとまとめに実装されていることを意味している．同様に，第1層と第2層の区別も明確でない．結果として，インターネットで用いられるプロトコルは，4階層から構成されているとみなすことができる．

表7.2　**実際のネットワークプロトコルと OSI 参照モデルの対応**

階層		名称	プロトコルの例
上位層	第7層	アプリケーション層	HTTP，SMTP，POP3，IMAP4
	第6層	プレゼンテーション層	
	第5層	セション層	
下位層	第4層	トランスポート層	TCP，UDP
	第3層	ネットワーク層	IP（バージョン4およびバージョン6）
	第2層	データリンク層	イーサネット，無線 LAN（802.11ac など）
	第1層	物理層	

表7.2で，第1層から第2層に対応するプロトコルである**イーサネット**は，第4章で述べたように，ツイストペアケーブルや光ファイバケーブルを用いて，有線接続によってネットワークを構築する仕組みを提供する．同じく第1層から第2層に対応する無線 LAN は，電波によってネットワークを構築するためのプロトコルである．

表7.2に示したように，第3層（ネットワーク層）のプロトコルとしてインターネットで用いられるのが IP（Internet Protocol）である．また，第4層（トランスポート層）では，インターネット上では TCP（Transmission Control Protocol）および UDP（User Datagram Protocol）がよく用いられる．これらについては，7.2節で詳しく説明する．

第5層から第7層のプロトコルとして，表7.2では，WWW のプロトコルである HTTP，インターネットメールを交換するためのプロトコルである SMTP，メールの読み出しや管理のためのプロトコルである POP3 や IMAP4 を示している．これらについては，7.3節で改めて説明する．

例題 7.2　ネットワークプログラムどうしが通信を行うためには，第1層の物理層プロトコルと第2層のデータリンク層プロトコルがあれば十分のように思われる．なぜ第3層以上のプロトコルが必要となるのか答えよ．

[答え]　物理層プロトコルとデータリンク層プロトコルだけでは，1対1で直接接続されたコンピュータどうしでの通信が行えるに過ぎない．ネットワークを複数結合したインターネットのような環境では，ほかのネットワーク上のコンピュータとの通信にはネットワーク層プロトコルの機能が必要であるし，コンピュータ上で複数稼働しているネットワークプログラムのうちから一つを選択するためにはトランスポート層プロトコルの機能が必要となる．さらに，ネットワークアプリケーションを構築するためには，セション層プロトコルによるセッションの管理や，プレゼンテーション層プロトコルによるデータ表現が必要である．

例題 7.3　無線 LAN と有線 LAN それぞれの特徴に触れ，メリットとデメリットを比較せよ．

[答え]　無線 LAN の利点は，ネットワーク構築の柔軟性にある．配線を必要としないため，物理的な配置条件に制約を受けずにコンピュータを配置することができる．また，設置後の端末の移動も容易である．モバイル端末においては，無線 LAN は必須である．

　有線 LAN の利点は，安定した通信が可能である点である．無線 LAN は電磁波の影響を受けやすい．たとえば 2.4 GHz 帯の電波を用いる無線 LAN では，同じ帯域の電磁波を利用する電子レンジや Bluetooth 機器の影響を受ける場合がある．これに対して，有線 LAN では外来雑音による影響を受けにくく，安定した通信が可能である．

　また，有線 LAN はセキュリティ上も有利である．無線 LAN はたとえ暗号化を施したとしても，電波が漏れるため盗聴される危険性があるが，有線 LAN は容易には盗聴することができない．このため，セキュリティ上は有線 LAN のほうが無線 LAN よりも有利である．

7.2　TCP/IP

　ここでは，インターネットを特徴付けるプロトコルとして，ネットワーク層プロトコルである IP と，トランスポート層プロトコルである TCP および UDP について説明する．IP としては，これまで広く用いられてきた IP バージョン 4（IPv4）と，次世代の IP として利用が拡大している IP バージョン 6（IPv6）の両方を取り上げる．

7.2.1 IPv4

IPv4 は，インターネットにおけるネットワーク層プロトコルとして，インターネットの成立初期から広く用いられている．IPv4 の役割は，複数のネットワークが連結された環境において，あるコンピュータから別のコンピュータへパケットを運ぶことにある．このために IPv4 では，IPv4 のパケットである **IP データグラム** の構成方法や，ネットワーク上での識別子である **IP アドレス** の表現方法，IP データグラムの配送方法である **ルーティング** の方法などのプロトコルを規定する．

IP データグラムは，制御情報を格納したヘッダ部と，搬送対象であるデータ部の二つの部分から構成される．このうちのヘッダの構成を表 7.3 に示す．表 7.3 には，ヘッダ先頭からの出現順に項目を示している．

表 7.3 **IPv4 におけるヘッダの構成**

項目	ビット長	格納情報
Version	4	IP のバージョン（IPv4 では 0100）
IHL	4	ヘッダ部の長さ
Type of Service	8	サービス品質の要求値
Total Length	16	IP データグラム全体のバイト長
Identification	16	IP データグラムを識別するための番号
Flags	3	フラグメントの有無など
Fragment Offset	13	フラグメンテーション時のオフセット値
TTL	8	IP データグラムの寿命
Protocol	8	上位プロトコル
Header Checksum	16	ヘッダ部分の誤り訂正符号
Source Address	32	送信元アドレス
Destination Address	32	宛先アドレス
Options and Padding	32	オプションなど

表 7.3 において，宛先アドレスと送信元アドレスは，いずれも 32 ビットのビット列で表現される．IPv4 では IP アドレスは 32 ビットで表現されるので，表現可能なアドレスの総数は 2^{32} 個，すなわち約 43 億個である．この数は世界の人口にも満たない小さな値であるため，IPv4 のアドレスはすでにすべて使い切っている状態[†]である．

[†] つまり，IPv4 のすべてのアドレス範囲が割り当て済みであり，これらを適宜融通して利用している状態である．

IP データグラムのルーティングは，**ルータ**とよばれるネットワーク接続装置によって処理される．ルータは，IP アドレスを手掛かりに，データグラムを隣接するルータに適宜送ることで，バケツリレーのようにしてデータグラムを送る．

図 7.8 に，ルータによるルーティングの考え方を示す．図で，「R」で示したのがルータである．ルータは図のように，ネットワークとネットワークの接続を担当する装置である．IP データグラムを送りたいコンピュータは，最寄りのルータに IP データグラムを送る．ルータは IP データグラムの宛先アドレスを調べて，つぎに送るべきルータを決定して，そのルータに IP データグラムを転送する．これを繰り返すことで，IP データグラムは目的とするコンピュータまで運ばれる．

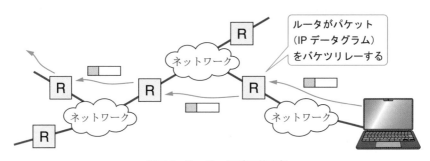

図 7.8　**ルーティングの考え方**

例題 7.4　ルーティング処理を行うためには，ルータにはどのような情報が必要か答えよ．

[答え]　少なくとも，受け取った IP データグラムに含まれる宛先アドレスから，つぎに送るべきルータを決定しなければならない．このためには，宛先アドレス，つぎに送るべきルータ，および送出の際に利用するネットワークインタフェースを組にした，表形式のデータが必要となる．このデータを**ルーティングテーブル**とよぶ（図 7.9）．

宛先アドレス	次に送るべきルータ	ネットワークインタフェース
アドレス A	ルータ 1	インタフェース X
アドレス B	ルータ 2	インタフェース Y
アドレス C	ルータ 1	インタフェース X

図 7.9　**ルーティングテーブルの一例**

Note ルーティングテーブルの作成方法

　ルーティングを行うためには，何らかの方法でルーティングテーブルを作成しなければならない．ルーティングテーブルの作成方法には，手作業でルーティングテーブルを作成する**スタティックルーティング**と，ソフトウェアの働きによって自動的に作成する**ダイナミックルーティング**の2通りがある．スタティックルーティングは作業が煩雑で，メンテナンスも難しいため，主としてダイナミックルーティングが用いられる．ダイナミックルーティングのプロトコルには，RIP（Routing Information Protocol），OSPF（Open Shortest Path First），BGP（Border Gateway Protocol）などがある．

7.2.2　IPv6

　前述のとおり，IPv4 で規定された IP アドレスは 32 ビット幅であり，すでに枯渇状態である．そのため，IP アドレスの利用方法が場当たり的となっており，ルーティングの処理が複雑化[†1]し，ルータにおけるルーティングの処理が遅くなり，通信全体に遅延をきたす結果となっている．

　こうした問題に対処するために，IPv4 の後継プロトコル[†2]として，IPv6 が利用されている．IPv6 ではアドレス幅を 128 ビットとし，IPv4 におけるアドレス空間を 2^{96} 倍に拡張している．これにより，IPv4 におけるアドレス枯渇の問題や，ルーティング処理の複雑化の問題を解決している．

　また，ヘッダの簡素化による処理の高速化や，IP へのセキュリティ機能の組み込みなど，プロトコル自体の改良も実現している．表 7.4 に，IPv6 パケット[†3]のヘッダの構成を示す．

　IPv4 のデータグラムと IPv6 のパケットは形式が異なり，アドレスの表現方法もまったく異なるため，両者を混在させて利用することはできない．そこで，IPv4 から IPv6 への移行は，ネットワーク全体としては両者を共存させつつ，部分的に順次移行手続きを進める必要がある．最終的に，すべての IPv4 ネットワークが IPv6 ネットワークに置き換わることで移行が終了する．

---

†1 細分化されたアドレス割り当ての弊害によりルーティングテーブルが複雑化し，パケット配送先の検索に時間がかかってしまう．

†2 IP のバージョン番号 5 番は，特殊な IP データグラムを利用するプロトコルに対して先に割り当てられていたため，5 番を使わずに 6 番が割り当てられた．

†3 IPv6 では，データグラムとよばず，パケットとよぶ．

表7.4 IPv6 におけるヘッダの構成

項目	ビット長	格納情報
Version	4	IP のバージョン（IPv6 では 0110）
Traffic Class	8	帯域幅制御情報
Flow Label	20	処理方法の指定
Payload Length	16	データ部のバイト長
Next Header	8	IPv6 ヘッダの後に続くヘッダの識別子
Hop Limit	8	IPv6 パケットの寿命
Source Address	128	送信元アドレス
Destination Address	128	宛先アドレス

Note さまざまなネットワーク接続装置

　ルータはネットワーク層におけるネットワーク接続装置であるが，ネットワーク層以外の階層における接続装置も適宜利用されている．

　物理層における接続装置を**リピータ**とよぶ．リピータは，伝送路を流れる信号を増強する増幅器のような機能を提供する．

　データリンク層レベルでの接続装置を**ブリッジ**とよぶ．ブリッジは，データリンク層プロトコルを解釈して，データリンク層のパケットを処理することで，データリンク層レベルでネットワークを互いに接続することができる．

　OSI 参照モデルの全階層を解釈・処理するネットワーク接続装置を，**ゲートウェイ**とよぶ．ゲートウェイは，まったく異なる二つのネットワークを互いに接続するための接続装置として動作する．

　なお，ハードウェアの機能を用いて複数のネットワークを高速に接続する装置を**スイッチ**とよぶ．一般に，ブリッジの機能をもつ **L2 スイッチ**[1] や，ルータの機能をもつ **L3 スイッチ**がよく用いられている．

7.2.3 TCP

　TCP は，インターネットで最もよく利用されているトランスポート層プロトコルである．TCP を利用することで，ネットワークアプリケーションプログラムはネットワーク入出力を容易に記述することができるようになる[2]．このために，TCP は，**TCP コネクション**とよばれる仮想的な通信路をアプリケーション

---

†1 レイヤ 2，すなわち第 2 層におけるスイッチの意味である．
†2 ファイル入出力などと同等の簡便さで，ネットワーク入出力を記述することが可能となる．

プログラムに提供する．TCP コネクションを用いると，二つのネットワークアプリケーション間が仮想的な通信路で直結されているような感覚で，ネットワーク入出力を記述することができる．

TCP コネクションを実現するために，TCP では，データの誤り制御や，データの転送量を制御するフロー制御，パケットの到着順序にかかわらずパケットの順番を正しく並べ替えるパケットの順序制御などの機能を備えている．これらの機能については，アプリケーションプログラムはまったく意識する必要がなく，TCP のシステムによって自動的に処理が行われる．

TCP や UDP の主要な機能として，コンピュータ上で稼働する複数のネットワークアプリケーションから，通信相手となるプログラムを選択する機能がある．TCP や UDP では，稼働中のプログラムの識別に**ポート番号**[†1] という概念を利用する（図 7.10）．

図 7.10　**ポート番号の概念**

TCP を利用した通信において，あるコンピュータに送られてきた IP データグラムやパケットは，そのデータ部から TCP のパケットである TCP セグメントが取り出される．TCP セグメントのヘッダ部には宛先のポート番号が記載されており，この番号に従って，TCP セグメントのデータがプログラムに渡される．

ネットワークアプリケーションは，通信相手のプログラムを選択する際，IP アドレスとともにポート番号，および TCP/UDP を指定する．双方の IP アドレスとポート番号，および TCP/UDP の指定により，通信に関係する二つのネットワークアプリケーションの組み合わせがただ一つに決定される[†2]（図 7.11）．TCP においては，これらの組み合わせによって特定の TCP コネクションを識別する．

---

†1 16 ビットの符号なし整数で表現された整数値である．
†2 つまり，これら五つの項目の組み合わせは，ネットワーク上にほかには存在しない唯一の組み合わせになる．

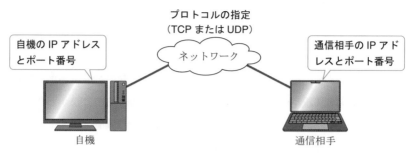

図 7.11 **ネットワーク上でのプログラムの組の識別. 双方の IP アドレス, ポート番号,
および TCP/UDP の指定により, 1 対 1 の通信がただ一つに決定される.**

Note ポート番号の種類

　ポート番号には, 大きく分けて, **ウェルノウンポート**[†1]番号, **登録ポート**[†2]
番号, および**動的・私的ポート**[†3]番号の 3 種類がある.

　ウェルノウンポート番号は, 0 番から 1023 番までの番号が割り当てられて
おり, 接続を待ち受けるサーバプログラムが用いるポート番号である (表7.5).

表 7.5 **ウェルノウンポート番号の例**

番号	対応する上位プロトコル
22	SSH (暗号化仮想端末)
25	SMTP (メール)
53	DNS (ドメイン名管理)
80	HTTP (WWW の通信)
443	HTTPS (暗号化した WWW の通信)

　登録ポート番号は, 1024 番から 49151 番までの番号が割り当てられている.
登録ポートは, 特定の目的での利用のために登録されているポート番号である.

　動的・私的ポート番号は, 49152 番以降の番号を利用するポートであり, ク
ライアント側で一時的に用いるポート (短命ポート) に対して動的に割り当て
る番号として用いられる.

---

†1 well-known port. システムポートともいう.
†2 registered port. ユーザポートともいう.
†3 dynamic and/or private port.

7.2.4 UDP

TCP を用いると誤りのない双方向通信が可能であるが，TCP システムは処理の手間が大きいので，通信に遅延が生じる可能性がある．このため，リアルタイム性が要求される用途では，TCP の手厚い処理がむしろ不都合な場合がある．また，TCP は再送による誤り訂正を自動的に行うが，音声通話や動画伝送などでは，時間的制約のために，再送による誤り訂正が不可能な場合もある．

こうした場合には，TCP の代わりに UDP を用いる．UDP では，トランスポート層プロトコルとしての最低限の機能として，ポート番号によるプログラムの識別機能を実現している．しかしそれ以外には，基本的に IP のデータグラムやパケットによるデータ転送機能をそのまま利用しているに過ぎないため，コネクションの提供やエラー訂正・再送，パケットの順序制御などの機能は一切提供しない．そこで，これらの機能はアプリケーションプログラムが必要に応じて取捨選択の上で[†1] 実装する必要がある．

例題 7.5 以下に示すネットワークアプリケーションのうち，とくに UDP が適しているものはどれか答えよ．

電子メール 音声通話 画像共有 オンラインゲーム

[答え] リアルタイム性の高い音声通話には，TCP よりも UDP が向いている．また，オンラインゲームも，リアルタイム性が高いゲームであれば，UDP を用いた実装が適している．

7.3 さまざまなプロトコル

ここでは，Web や電子メールなどのアプリケーションプロトコルや，DNS や LDAP などネットワークを管理運用するためのプロトコルを取り上げる．

7.3.1 HTTP：WWW のプロトコル

HTTP (HyperText Transfer Protocol)[†2] は，WWW におけるデータ転送のためのプロトコルである．HTTP では，トランスポート層プロトコルの提供す

[†1] たとえば再送処理が不要であれば，再送処理を省くことができる．
[†2] http と小文字で表記する場合も多い．

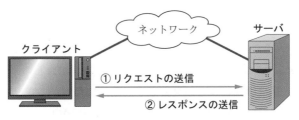

図 7.12　**HTTP による通信**

るコネクションを利用して，クライアントがサーバへリクエストを送り，サーバ
はそれにレスポンスを返すことで，返答を完了する（図 7.12）．

　たとえば WWW による情報提供においては，HTTP を利用してクライアン
トがサーバに対して要求を送り，サーバは要求に応じて HTML (HyperText
Markup Language)[†] などで記述されたデータをクライアントに送り返す．
HTTP ではこのリクエストとレスポンスの 1 往復で処理が終了するので，サー
バ側の処理は簡潔であり，大量のアクセスに対しても効率良く返答を返すことが
可能である．

　基本的な HTTP による通信は，情報のリクエストとそれに対するレスポンス
で終了する．この仕組みを利用して，クライアントとサーバの間でやり取りを繰
り返しながら処理を進めるような仕組みを実現することが可能である．このよう
な仕組みを **Web アプリケーション**とよぶ．Web アプリケーションとして，たと
えば，オンラインショッピングのシステムやインターネットバンキングのシステ
ム，あるいは Web ベースのグループウェアなどがよく利用されている．

Note Cookie の利用

　　HTTP は，基本的にクライアントとサーバ間を 1 往復すると通信が終了す
　るプロトコルであり，前回のやり取りの状態を保存しない．しかし，Web ア
　プリケーションを構築するためには，過去のやり取りについての情報が必要と
　なる場合がある．たとえば，Web アプリケーションへのログイン情報は，ロ
　グイン中は保持し続ける必要がある．
　　こうした要求に対応するために，Cookie（クッキー）とよばれる仕組みが用
　意されている．Cookie はクライアントとサーバの間でやり取りされる，小さ

---

†　html と小文字で表記する場合も多い．

なサイズのテキスト情報である．Cookie に過去の履歴に関する情報を記録してクライアントとサーバの間でやり取りすることで，ログイン情報など両者で共有すべき情報を保持することができる．

7.3.2 SMTP

SMTP（Simple Mail Transfer Protocol）[†1] は，インターネットメールシステムで広く用いられている，電子メール送信のためのプロトコルである．SMTPによるインターネットメールシステムの概略構成を図 7.13 に示す．

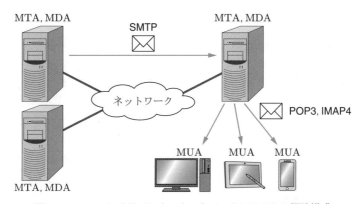

図 7.13　SMTP によるインターネットメールシステムの概略構成

図 7.13 で「MTA, MDA」と表示したのが，いわゆる**メールサーバ**である．メールサーバは，ほかのメールサーバに電子メールを送信したり，管理下のユーザに対してほかのメールサーバから送られてきた電子メールをユーザのメール保存領域（**メールボックス**）に格納したりする．このうち，電子メールの送信を担当するのが**MTA**（Message Transfer Agent または Mail Transfer Agent，メール転送エージェント）であり，電子メールのユーザへの配信を担当するのが**MDA**（Message Delivery Agent または Mail Delivery Agent，メール配送エージェント）である．メールサーバでは，MTA と MDA の機能を兼ねるものが多い．

図 7.13 で「MUA[†2]」と表示したものは，電子メールをユーザに提示する機能をもつプログラムであり，一般に**メールクライアント**あるいは**メーラ**とよばれる

---

†1 smtp と小文字で表記する場合も多い．
†2 一般には Mail User Agent の頭文字だが，Messaging User Agent あるいは MIME User Agent の頭文字である場合もある．ここで，MIME は Multipurpose Internet Mail Extensions の頭文字である．

ものである．メールクライアントは，メールサーバと連携して，受信した電子メールをユーザに提示したり，ユーザの入力した電子メールを送信したりする．

　SMTP はメールを送信する際に用いるプロトコルであるが，図 7.13 では，MTA 間での電子メールの授受に SMTP が用いられる．また，MUA が電子メールを送信する際にも SMTP が用いられる．これに対して，MUA がメールサーバから電子メールを取り出す際には，POP3（Post Office Protocol 3）や IMAP4（Internet Message Access Protocol）とよばれるプロトコルが利用される．

例題 7.6　電子メールシステムでは，電子メールの送信と受信は，どちらがより管理コストを必要とする[†1]か答えよ．

[答え]　電子メールの送信は，送信している間だけシステムを動作させればよいので，管理コストはあまりかからない．これに対して受信は，相手がいつメールを送ってくるかわからないため，原則的に 24 時間 365 日稼働を続けなければならない．このため，電子メールの受信は，送信よりも管理コストが高くなる．

7.3.3　DNS

DNS（Domain Name System）は，IP アドレスとドメイン名の対応関係を分散データベースシステムによって管理・運用する仕組みである．

　IP を用いたネットワークでは，IP アドレスを用いてネットワーク上の場所を指定する．しかし，IP アドレスは桁数の大きい 2 進数であるため，人間にとって理解しづらく扱いづらい．そこで，わかりやすいアルファベットや記号を用いた名前，すなわち**ドメイン名**[†2]を用いてネットワーク上の場所を指定するために，DNS が用いられる．

　DNS では，IP アドレスとドメイン名の対応関係を**ネームサーバ**とよばれるコンピュータが保持している．ネットワークアプリケーションプログラムは利用者からドメイン名を与えられると，ネームサーバに対してドメイン名に対応する IP アドレスを要求する．ネームサーバは，対応する IP アドレスがわかればただちに応答するが，わからなければ，ほかのネームサーバに問い合わせることで対応する IP アドレスを取得する．ネームサーバは階層構造をもっており[†3]，階層に従って問い合わせを繰り返すことで，必ず目的とする対応関係を保有するネー

---

†1 「管理に手間がかかる」という意味である．
†2 たとえば，www.u-fukui.ac.jp のような記号列である．
†3 階層最上位のネームサーバを，ルートサーバとよぶ．

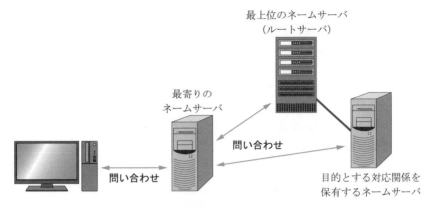

最上位のネームサーバ
（ルートサーバ）

最寄りの
ネームサーバ

問い合わせ

問い合わせ

目的とする対応関係を
保有するネームサーバ

図 7.14　**ネームサーバ：階層構造をもった分散データベースシステム**

ムサーバを見つけることができるよう構成されている（図 7.14）.

7.3.4　NFS，CIFS と NIS，LDAP

　NFS，CIFS や NIS，LDAP はいずれも，ネットワークを前提とした分散コンピュータシステム構築技術に関連する，代表的なプロトコルである.

 　NFS（Network File System）と CIFS（Common Internet File System）は，ファイルシステムをネットワーク上に分散させるためのプロトコルである. これらのプロトコルを用いると，ネットワーク上のファイルサーバに存在するファイルシステムを，自分のコンピュータ上にあるディスク装置などと同等に扱うことができる. ちなみに，NFS は元来 Unix 系 OS で利用されていたプロトコルであり，CIFS は Windows 系 OS で利用されていたファイル共有プロトコルである SMB（Server Message Block）を一般化して Windows 以外でも利用できるように拡張したものである.

　NIS（Network Information Service）と LDAP（Lightweight Directory Access Protocol）は，ネットワーク管理に必要な情報を共有するために用いられるプロトコルである. NIS は Unix 系 OS で用いられてきたプロトコルであり，主として設定情報を複数のコンピュータで共有するために用いられる. LDAP はディレクトリサービス，すなわちネットワーク上のコンピュータ資源に関する情報を管理するための汎用プロトコルであり，現在さまざまな OS で利用可能である.

7.4 クラウドコンピューティング

　ここでは，ネットワークを前提としたシステム構築手法として，クラウドコンピューティングについて説明する．

7.4.1　オンプレミスとクラウドコンピューティング

　オンプレミス (on-premise)[†1] とは，コンピュータハードウェアを自分で保有し，自分で運用する形態のシステム構築手法である．これに対して，**クラウドコンピューティング** (cloud computing)[†2] とは，ハードウェアを自分で保有せず，ネットワーク上のどこかにあるコンピュータ[†3] を利用して，システムを構築・運用する手法である．従来はオンプレミスのシステム運用が一般的であったが，ネットワークの発展により，近年ではクラウドコンピューティングが広く用いられるようになってきている．

　クラウドコンピューティングを用いると，コンピュータ導入のための初期費用が不要となり，システム運用についてもハードウェアとしてのコンピュータを管理する必要がなくなる．また，ハードウェアの増強や削減を柔軟に行うことができ，必要に応じたコンピュータ資源を利用することができる．また一般に，自身で管理するオンプレミス環境を利用する場合よりも，クラウドコンピューティングのほうがより優れたセキュリティ機能を利用することができる[†4]．ただし，クラウドコンピューティングのサービス提供業者に使用料を継続的に支払う必要があることや，契約形態によってはシステム構築の自由度に制限が加えられる可能性があることに注意が必要である．

7.4.2　クラウドコンピューティングの形式

　クラウドコンピューティングには，さまざまな形式がある．また，それらの形式の定義は必ずしも定まってはいない．表7.6に，一般的なクラウドコンピューティングの形式についての説明を示す．

---

†1 「自社内」といった意味である．
†2 「cloud」は本来「雲」を意味するが，この場合はネットワークを表している．
†3 実際には，クラウドコンピューティングのサービス提供業者が利用するデータセンタに設置されたコンピュータだが，どこにあるかを利用者が意識する必要はない．
†4 自組織にセキュリティの専門家を置くことは一般には難しいが，クラウドコンピューティングのサービス提供業者であれば可能である．

表7.6 **クラウドコンピューティングの形式**

名称	クラウドにより提供される資源
ホスティング	ハードウェア
IaaS	ハードウェアに加え，オペレーティングシステムなどのインフラ環境
PaaS	IaaS に加え，データベースなどのミドルウェア環境
SaaS	PaaS に加え，アプリケーションプログラム

ホスティングは，クラウドコンピューティング業者からハードウェアをレンタルする形式であり，レンタルサーバともよばれる†．**IaaS** (Infrastructure as a Service) では，ハードウェアに加えて，オペレーティングシステムのようなインフラ環境が提供される．**PaaS** (Platform as a Service) では，IaaS に加えて，データベース管理システムなどのミドルウェアが提供される．**SaaS** (Software as a Service) では，さらにアプリケーションプログラムの機能が提供される．

Note VLAN・VPN と SDN

　従来，ネットワークは，ネットワーク装置をハードウェア的に結線することで，その構造を作り上げていた．しかし近年では，ハードウェアの結線状態にかかわらず，ソフトウェアの機能によってネットワーク構造を自由に構築する手法が利用されている．VLAN，VPN，SDN などがその例である．

　たとえば，**VLAN** (Virtual Local Area Network) の技術を利用すると，物理的な配線を変更せずに，データリンク層レベルでネットワークの接続関係を再構築することができる．また，**VPN** (Virtual Private Network) では，物理的に離れた位置にあるネットワークを，途中のネットワークを経由することで，あたかも直結されているかのように利用することができる．

　ソフトウェアによるネットワーク構築を進めると，ネットワークの構築全般にも同様の手法を適用することができるようになる．これを **SDN** (Software Defined Network) とよぶ．SDN の技術を用いると，ハードウェア的な結線の状態とは独立に，論理的なネットワークの構成をソフトウェアで設定することができる．SDN は，大規模ネットワークの管理運営など，さまざまな局面で用いられている．

---

† 定義によっては，ホスティングやレンタルサーバは，クラウドコンピューティングに含めない場合もある．

章末問題 ••

7.1 パケットに含まれるべき制御情報として，たとえば，宛先のアドレス情報や送信元のアドレス情報がある．このほかに，どのような情報が必要か答えよ．

7.2 IPv4 における IP データグラムのヘッダには，さまざまな項目が含まれている．これらの働きについて調査せよ．

7.3 パケットには，IPv4 における TTL や IPv6 における Hop Limit で表される，寿命がある．パケットになぜ寿命が必要なのか考察せよ．

7.4 TCP の機能の一つに，パケットの順序制御がある．これは，パケットが送出した順番と異なる順番で到着したとき，パケットの順番を正しく並べ直す機能である．では，受信側において，なぜパケットの到着が送信した順番とならない場合があるか答えよ．

7.5 DNS のネームサーバは，IP アドレスとドメイン名の対応関係など，ネットワーク運営に必要な情報を保持している．では，こうした情報は，誰が登録して誰が管理しているか答えよ．

7.6 たくさんのコンピュータが並んだ情報処理演習室などで，どのコンピュータを使っても同じユーザ ID とパスワードでログインするためには，どのようなプロトコルが必要か．また，ログイン後にどのコンピュータを利用しても自分のデータを同じように利用できるようにするためのプロトコルは何か．それぞれ答えよ．

7.7 IPv4 の IP アドレスで表現できるアドレスの総数は，IPv6 におけるアドレスの総数の何％にあたるか答えよ．

8 コンピュータとセキュリティ

8.1 情報セキュリティの概念

　コンピュータやネットワークはさまざまな脅威にさらされている．たとえば，地震や洪水などの天災や，操作ミスなどによる人災，あるいはシステムに対する侵入などの悪意のある行為によって，システムが破壊されたり改ざんされたりする可能性が常に存在する．**情報セキュリティ技術**は，こうした脅威に対抗するための技術である．表8.1 に，情報セキュリティ技術が対象とする事例を示す．

　情報セキュリティ技術の目標は，表8.1 に示すような事例に対して，表8.2 に示す三つの項目を実現することにある．

表 8.1　**情報セキュリティの対象事例**

分類	事例
天災	地震，津波，洪水，火災
人災	操作ミス，故障
悪意のある行為	侵入，マルウェアによる攻撃

表 8.2　**情報セキュリティの目標**

項目	説明
機密性	システムへのアクセス権限を管理し，権限のない者のアクセスを許さない.
完全性	システムのもつ情報を正しい状態で保持する.
可用性	システムをいつでも利用できる状態に保つ.

　表 8.2 で，**機密性**（confidentiality）とは，システムへのアクセスを，権限を有する者に限定することで，システムのもつ情報を保護することを意味する．機密性を保つためには，システムへの侵入や攻撃に対処する必要がある．また，**完全性**（integrity）とは，システムのもつ情報が正しい状態で保持されていることを意味する．完全性を保つためには，他者による情報の改ざんや，人的ミスによる間違った情報の保持を防ぐ必要がある．**可用性**（availability）は，システムがいつでも利用可能な状態に保たれていることを意味する．可用性を保つには，システムの故障に対する対応や，システムへの攻撃に対処する必要がある．

例題 8.1　情報システムに対する攻撃手法の一つに，**サービス不能攻撃**（DoS†攻撃）がある．たとえば，Web サイトに対するサービス不能攻撃では，Web サイトへのアクセスを過度に集中させることで Web サーバの処理を停滞させて，正常な Web サービスの提供を妨害する．では，サービス不能攻撃はセキュリティの 3 目標のいずれを阻害するものだろうか．一つ答えよ．

[答え]　サービス不能攻撃では，システムをいつでもアクセスできる状態に保つための可用性が阻害される．

　以下では，主として悪意のある行為への対処を念頭に，具体的なセキュリティ技術について述べる．

8.2　セキュリティの基盤技術

　ここでは，セキュリティの基盤技術として，暗号と認証について説明する．暗号は，さまざまなセキュリティ技術の基礎となる重要な技術である．また，認証は，利用者の正当性を確認する技術である．

8.2.1　暗号

　暗号は，情報に適当な変換を施すことで，その情報を利用する権限のあるものだけが情報を利用できるようにする仕組みである．図 8.1 に，暗号の処理の流れを示す．

---

†　Denial of Services.

図 8.1　**暗号の処理の流れ**

　図 8.1 で，**平文**（ひらぶん）は，暗号の処理を施す前の情報を指す．平文は単なるビット列であり，コンピュータ上でビット列として表現できる情報[†1]は何でも暗号の対象とすることができる．**暗号化**は，平文に変換処理を施すことで暗号文[†2]を作成する処理である．暗号文は，そのままでは元となる平文を推測することはできず，意味を読み取ることができない．

　変換された暗号文は，**復号**の処理を行うことで元の平文に戻すことができる（図 8.1 (b)）．復号の処理を正しく行わない限り，暗号文から平文を得ることはできない．このため，暗号文が盗まれただけでは，情報の機密性は失われない．

　暗号化と復号の処理において，**鍵**とよばれるデータ[†3]が使用される．暗号アルゴリズムでは，鍵を変更することで，暗号化と復号の際の変換挙動が変更される．その結果，鍵を取り換えることで，同じ平文から異なる暗号文を作成することが可能である．このため，暗号文の送り先に応じて鍵を変更することで，暗号文の機密性が保証される．

　暗号化アルゴリズムは，鍵の利用方法の違いによって，**共通鍵暗号**[†4]と**公開鍵暗号**[†5]の 2 種類に大別される．

　共通鍵暗号は，暗号化と復号の鍵が同一であるような暗号である（図 8.2）．すなわち，暗号化の際に用いた鍵と同一の鍵を使って，復号を行うことができる．共通鍵暗号では，送信側と受信側で同じ鍵を共有する必要がある．また，鍵を秘密にしておかないと，機密性が損なわれてしまう．このとき，インターネットの環境では，送信側と受信側でどのようにして鍵を受け渡すかが問題になる．鍵は秘密にしておかなければならないが，そのために鍵を暗号化して送信しようとすると，今度は別の鍵が必要になる．しかし，この鍵を共有するためにはさらに別

[†1] 文字列や数字の並びはもちろん，音声や動画などのマルチメディアデータも，暗号化の対象とすることができる．

[†2] 平文同様，暗号文も単なるビット列である．

[†3] 鍵もビット列である．

[†4] 対称鍵暗号，秘密鍵暗号，あるいは慣用暗号ともよばれる．

[†5] 非対称鍵暗号ともよばれる．

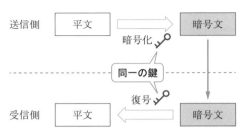

図 8.2　**共通鍵暗号：暗号化と復号で同一の鍵を利用**

の鍵が必要となり，結局いつまでも鍵を送ることができない．これを**鍵の配送問題**という．鍵の配送問題は，共通鍵暗号の利用だけでは解決することができない[†1]．

公開鍵暗号は，暗号化と復号で異なる鍵を利用する暗号である（図 8.3）．暗号化と復号の鍵はペアになっているが，暗号化のための鍵から復号の鍵を求めることは実際上不可能である．このため，暗号化の鍵を公開してしまっても復号の鍵の秘密は保たれるので，暗号文の機密性は損なわれない．

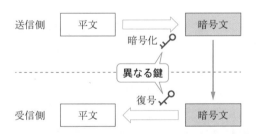

図 8.3　**公開鍵暗号：暗号化と復号で異なる鍵を利用**

公開鍵暗号を利用して情報を受け取りたい者は，自分宛に送る情報を暗号化するための鍵を公開しておく[†2]．ただし，ペアとなる復号の鍵は秘密にしておく．送信者は，受信者の公開された暗号化用の鍵を使って，平文を暗号文に変換し，暗号文を相手に送る．受信者は，公開した鍵で暗号化された暗号文を受け取ったら，秘密にしている復号の鍵を利用して復号することで，平文を取り出すことができる．このとき，暗号文を復号できるのは復号用の鍵をもっている受信者だけであるので，暗号文の機密性が保証される（図 8.4）．

---

†1 すぐ後に説明するように，公開鍵暗号を用いれば解決できる．
†2 暗号化のための鍵を公開することから，こうした暗号系を公開鍵暗号とよぶ．

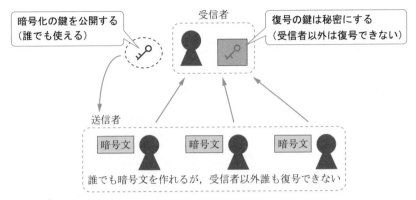

図 8.4　公開鍵暗号の利用方法. 暗号化の鍵を公開することで, 受信者しか解けない暗号文を誰でも作成することができるようになる.

　公開鍵暗号を用いると, 共通鍵暗号における鍵の配送問題を解決することができる. つまり, 共通鍵暗号で利用する鍵を, 公開鍵暗号を用いて送信することで, 送信側と受信側で共通鍵暗号の鍵を共有すればよい (図 8.5 (a)). 一般に公開鍵暗号は共通鍵暗号と比較して計算コストが高い†ので, 通信のはじめに公開鍵暗号で共通鍵暗号の鍵を配送し, 後の通信は共通鍵暗号を利用して行うことで, 効率的な暗号通信が可能となる (図 8.5 (b)). このような暗号系を, **ハイブリッド暗号**とよぶ.

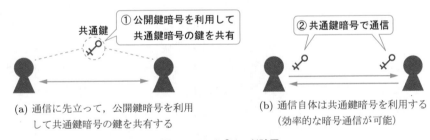

(a) 通信に先立って, 公開鍵暗号を利用して共通鍵暗号の鍵を共有する

(b) 通信自体は共通鍵暗号を利用する（効率的な暗号通信が可能）

図 8.5　ハイブリッド暗号

　表 8.3 に, 現在利用されている暗号の例を示す. 共通鍵暗号には, AES やトリプル DES などがある. AES (Advanced Encryption Standard) は, 米国の国立標準技術研究所 (NIST) が中心となって制定した暗号で, 現在, 標準的な暗号アルゴリズムとして世界中で広く用いられている. **トリプル DES** は, かつて標

---

† 計算が複雑で, 暗号化や復号に時間がかかってしまうことを意味する.

表 8.3　**暗号の例**

名称	種別	説明
AES	共通鍵暗号	米国の国立標準技術研究所（NIST）による標準暗号アルゴリズム.
トリプル DES	共通鍵暗号	DES の安全性を高めるため，暗号化と復号を 3 回繰り返す拡張を施した暗号方式.
RSA	公開鍵暗号	大きな整数の素因数分解が困難であることを根拠とした暗号アルゴリズム.
楕円曲線暗号	主として公開鍵暗号	楕円曲線を利用した暗号方式の総称.

準的な共通鍵暗号として用いられていた DES（Data Encryption Standard）を拡張した暗号であるが，暗号の安全性[1]において問題があるため，最近ではあまり用いられない.

　公開鍵暗号として現在広く用いられているのは，RSA[2]である．RSA は，桁数の大きな整数の素因数分解が困難であることを根拠とした暗号である．公開鍵暗号には，ほかに，**楕円曲線暗号**などが利用されている.

Note **電子署名**

> 　ネットワーク上で商取引などを行おうとすると，送られてきた文書が本物であるかどうかや，改ざんされていないかどうかを保証する仕組みが必要になる．実世界では書類に捺印したりサインをしたりすることで保証しているが，ネットワーク上では**電子署名**とよばれる仕組みによって保証を与えることができる.
>
> 　電子署名を実現する方法として，公開鍵暗号を利用する方法がある．たとえば RSA では，復号用の鍵を用いて暗号化した暗号文を，公開鍵で復号することが可能である[3]．こうして作成した暗号文は，誰でも復号できるが，復号用の鍵を知っている本人にしか作れない暗号文となるので，この暗号文を印鑑やサインの代わりとして利用することができる．そこで，平文のメッセージとともにこの方法で作成した暗号文を送付することで，電子署名の仕組みを実現することができる.

---

†1 暗号の破られにくさを意味する.
†2 開発者（Rivest, Shamir, Adleman）の頭文字から命名されている.
†3 通常の鍵の使い方とは逆の使い方である．図 8.5 を参照.

Note 量子暗号

　AES や RSA が暗号として成り立つのは，暗号の解読に非常に大きな計算コストが必要なためである．これらの暗号は，現在我々が利用しているコンピュータの計算能力を基準に考えると，十分な安全性があるといえる．しかし，量子コンピュータのような，従来のコンピュータよりも計算能力の非常に高いコンピュータが実用化されると，これらの暗号の安全性は成立しなくなる．そこで，**量子暗号**の利用に期待が集まっている．

　量子暗号は，物理学における量子論に基づく暗号方式[1]である．量子暗号は計算コストによる安全性とは無関係なので，量子コンピュータが実用化されても暗号として利用可能な手法である．

8.2.2　**認証**

　コンピュータシステムにおける**認証**とは，コンピュータシステムを利用しようとする者が正当な利用権限を有しているかどうかを確認するための技術である．表 8.4 に認証技術の分類を示す．

表 8.4　**認証技術の分類**

分類	例
知識に基づく認証	PIN（暗証番号），パスワード，パスフレーズ
持ち物に基づく認証	磁気カード，IC カード
生体情報に基づく認証（バイオメトリクス）	静脈，指紋，顔，挙動

　知識に基づく認証は，暗証番号やパスワードなどの，利用権限をもつ者だけが知っている知識を示すことで認証を行う方法である．特別な装置を必要とせずに認証を行うことができるので，コンピュータへのログインや Web アプリケーションの利用時など，さまざまなシステムで広く用いられている．しかし，単純なパスワードシステムだけでは，パスワードの盗難や，何らかの方法によるパスワードの解析[2]などによる不正利用を防ぐことが難しくなっており，ほかの方法による認証との併用が必要である．

---

[1] たとえば，光子に情報を与えて伝送すると，途中で盗聴された際に量子論的な状態変化が必ず生じるので，盗聴されていることを知ることができる．
[2] 辞書にある単語を使う辞書攻撃や，ある文字数のすべての文字の組み合わせを調べるブルートフォース攻撃など，さまざまな解析手法がある．

　　持ち物に基づく認証は，本人だけがもっている持ち物を利用した認証方法である．この方法は，実社会における鍵や印鑑に相当する技術であり，コンピュータシステムにおいては磁気カードやICカードなどが用いられる．これらは知識に基づく認証と組み合わせると安全性を向上させることが可能であるが，カードリーダなど特別なハードウェアを必要とする欠点がある．

　　生体情報に基づく認証は**バイオメトリクス**ともよばれ，静脈のパターンや指紋，あるいは顔の画像情報など，個人のもつ生体的特徴によって認証を行う技術である．生体情報に基づく認証は，パスワードを覚えたりICカードを持ち歩いたりする必要がないため，便利である．しかし，一般に認証の精度が必ずしも100％とならないことや，究極の個人情報ともいえる生体情報をシステムに預けなければならないことは大きな欠点である．

例題8.2　8桁のアルファベット（大文字および小文字）と数字からなるパスワードがある．総当たり法による攻撃において，どのぐらいの時間でパスワードを求めることができるか答えよ．ただし，一つのパスワード候補の生成と照合には1ナノ秒を必要とするものとする．

[答え]　総当たり法では，パスワード候補としてすべての組み合わせを生成して，照合する．8桁のアルファベット（$26 \times 2 = 52$種）と数字（10種）のすべての組み合わせは，62^8通り存在する．したがって，すべての組み合わせを調べると，

$$62^8 \times 10^{-9} 秒 ≒ 218340 秒 = 60.65 時間$$

となり，約60時間超を要する．パスワードがランダムであるとすると，平均的には，この半分の時間でパスワードが求められることになる．

Note　ワンタイムパスワード

　　ワンタイムパスワードは，パスワード認証を行うたびに，1回だけ利用する使い捨てのパスワードを生成して利用する認証方法である．

　　ワンタイムパスワードでは毎回異なるパスワードを使用するので，盗聴などによってパスワードを盗まれたとしても，パスワードを悪用されるおそれがない．

　　ワンタイムパスワードにはさまざまな実現方法がある．たとえば，あらかじめクライアントとサーバでパスワードのリストを共有しておく方法がある（図8.6 (a)）．この方法は実現が容易であるが，十分な量のパスワードを含んだパスワードリストを管理することが煩雑であるという欠点がある．別の方法として，あるパスワードを初期値としてクライアントとサーバの間で共有しておき，

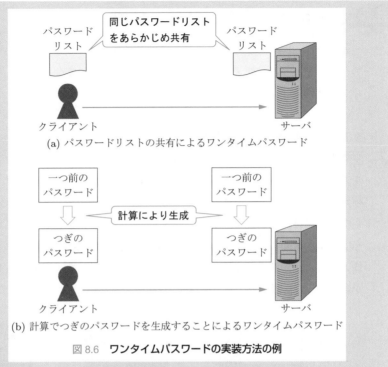

(a) パスワードリストの共有によるワンタイムパスワード

(b) 計算でつぎのパスワードを生成することによるワンタイムパスワード

図 8.6　**ワンタイムパスワードの実装方法の例**

数学的な計算によってつぎのパスワードを一つ前のパスワードから次々に生成することで，毎回異なるパスワードを利用する方法がある（図 8.6 (b)）．この方法では，ワンタイムパスワードの利用に際してサーバ側とクライアント側の両方に，何らかの共通した計算手段が必要となる．このほか，時刻に同期することでワンタイムパスワードを生成する時刻同期型や，サーバから与えられた情報に対して計算によって求められた情報を返答するチャレンジ型などの方法がある．これらは，ネットバンキングやオンラインゲームなどで用いられている．

Note　挙動に基づく認証

　生体情報に基づく認証技術の一つに，人間の挙動に基づく認証がある．この方法では，たとえば，キーボードをタイプする際の打鍵間隔の癖を登録することで，利用者が本人であるかどうかを認証する．挙動に基づく認証は，利用者にとって簡便で，かつ，システム利用中継続して認証を行うことが可能である．しかし一般に，認証の精度が低い欠点がある．

8.3 さまざまなセキュリティ技術

ここでは，コンピュータウイルスに代表されるマルウェアについて，マルウェアへの対策について，そしてファイアウォールやIDSなどのさまざまなセキュリティ技術について説明する．

8.3.1 マルウェアへの対策

マルウェアは，悪意をもったプログラムの総称である．マルウェアには，ウイルス，ワーム，トロイの木馬，スパイウェア，ランサムウェアなど，さまざまな種類がある．

ウイルスは，ほかのプログラムに付属してシステムに侵入し，悪意のある挙動をするマルウェアである．ウイルスの挙動を図8.7に示す．ウイルスがシステムに侵入することを**感染**とよぶ．感染後しばらくの間は，ウイルスは活動しない場合が多い．これを**潜伏**とよぶ．潜伏後，ウイルスは**発症**して，悪意のある挙動を示す．

① 感染　　　　　② 潜伏　　　　　③ 発症

図 8.7　**ウイルスの挙動**

ワームは，ウイルスと似ているが，ワーム自身のネットワーク機能によって感染を広げるマルウェアである．

トロイの木馬は，正常なプログラムであるように偽装するなど，マルウェアであることを隠してシステムに侵入し，悪意のある挙動をするマルウェアである．

スパイウェアは，コンピュータシステムに入り込んで，システム内の情報を盗むマルウェアである．

ランサムウェアは，システム内のデータを勝手に暗号化して使えなくして，暗号の鍵に対する身代金を要求するマルウェアである．

表8.5に，各マルウェアの特徴についてまとめておく．

ウイルスやワームなどのマルウェアは，コンピュータシステムのセキュリティ上の脆弱性を利用して侵入をはかる．そこで対策としては，オペレーティングシステムやアプリケーションプログラムをつねに最新の状態にアップデートし，

表 8.5　**さまざまなマルウェア**

名称	特徴
ウイルス	ほかのプログラムに付属して侵入し，感染，潜伏の過程を経て発症する．
ワーム	自分自身のネットワーク機能を用いて侵入する．
トロイの木馬	正常なプログラムに偽装してシステムに侵入する．
スパイウェア	システム内の情報を盗む．
ランサムウェア	システム内のデータを勝手に暗号化して身代金を要求する．

脆弱性を減らす必要がある．また，ネットワーク経由での侵入を防ぐためには，不用意に未知の Web サイトなどにアクセスすべきではない．また，送られてきたメールにあるリンクを確認せずにクリックしたり，添付ファイルを安易に開いたりすべきではない．そのうえで，ウイルス対策ソフトなどのセキュリティソフトを活用するとともに，セキュリティソフトも最新の状態につねにアップデートする必要がある．

Note 標的型攻撃

　かつてのウイルスやワームには，無差別に感染を繰り返してインターネット全体に被害を与えるような挙動をするものも多かった[†1]．しかし最近は，ウイルスを**標的型攻撃**の道具として悪用する例が目立っている．

　標的型攻撃とは，特定の対象を狙った攻撃であり，とくに秘密情報の奪取を目的とする場合が多い．攻撃に際しては，メールや Web サイトを利用して攻撃対象に対してウイルスを送り付け，これを手掛かりとしてシステムに侵入して秘密情報を盗み取る手口がよく用いられる．

8.3.2　ファイアウォール

ファイアウォール (firewall)[†2] は，自組織のネットワークと外部ネットワークの間に設置することで，外部からの攻撃を防ぐ働きのあるネットワーク接続装置である．図 8.8 にファイアウォールの構成を示す．

　ファイアウォールは，外部ネットワークと内部ネットワークを接続する 2 台のルータと，ルータ間のネットワークである **DMZ** (DeMilitarized Zone)[†3]，およ

---

†1　2001 年の Code Red や 2003 年の Slammer，2004 年の MyDoom などはその例である．
†2　防火壁の意味である．
†3　非武装地帯の意味である．

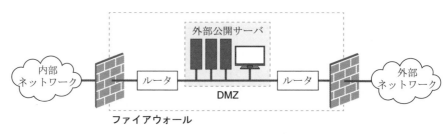

図 8.8　**ファイアウォールの構成**

び DMZ に設置する外部公開用のサーバ群から構成される．2 台のルータの設定
により，外部ネットワークから DMZ への接続は許可するが，外部から内部ネッ
トワークへの接続は禁止する．これにより，DMZ に設置する外部公開用サーバ
は外部から閲覧できるが，それ以外の自組織コンピュータへの外部からの接続は
禁止される．DMZ には，外部公開用の Web サーバやメールサーバなどを設置し，
内部ネットワークからメンテナンスできるようにルータなどを設定する．ただし，
これらの公開用サーバには，セキュリティ上の配慮から，内部ネットワークに所
属する一般ユーザは登録しない．

　ファイアウォールが有用なのは，セキュリティに注力する対象をファイア
ウォールの構成要素に集中できる点にある．とくに，セキュリティ意識の低い一
般ユーザの利用するコンピュータを外部ネットワークから隠蔽することで，セ
キュリティ上の問題が生じにくくさせることが可能である．

例題 8.3　ファイアウォールを利用すれば，自組織内の個々のコンピュータにつ
いてセキュリティを考慮する必要はなくなるか答えよ．

[答え]　ファイアウォールが万全であっても，個々のコンピュータを攻撃する手法は存
在する．したがって，個々のコンピュータのセキュリティについても考慮する必要性は
なくならない．

Note　ホストベースのファイアウォール

　ファイアウォールとよばれる製品には，単体のコンピュータで稼働するもの
がある．こうした製品をホストベースのファイアウォールとよぶ．ホストベー
スのファイアウォールには，コンピュータに対する通信を監視し制御すること
で，コンピュータに対する攻撃を防ぐ役割がある．こうしたファイアウォール
では，たとえば，特定の条件に合致するパケットを遮断するパケットフィルタ
リングや，特定のポートを遮断する方法などが用いられる．

8.3.3 IDS/IPS

IDS（Intrusion Detection System）および IPS（Intrusion Prevention System）は，コンピュータおよびネットワークシステムに対する侵入を検知/予防するためのシステムである（図 8.9）．IDS では，単体のコンピュータの挙動や，ネットワーク上のトラフィックを監視することで，システムに対する侵入を検知し，管理者に通知する．また IPS では，ファイアウォールやルータと連携することで，侵入検知時に問題となる接続を自動的に遮断して，侵入を予防する．

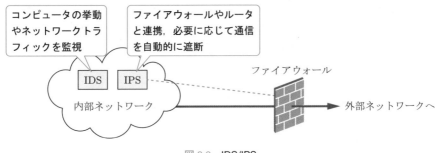

図 8.9 IDS/IPS

例題 8.4 IDS や IPS で侵入を検出するためには，どのような仕組みが必要か答えよ．

[答え] 侵入検出の仕組みとしては，
- 通常の状態と比較して大きく異なる状態を検知することで，侵入を検出する
- 侵入に伴う攻撃手法をあらかじめ登録しておくことで，システムの状態から侵入を検出する

といった方法が考えられる．それぞれ**アノマリ法**と**シグネチャ法**とよばれる．

Note ハニーポット

ハニーポット（honeypot）[†]は，セキュリティ上問題のあるコンピュータシステムをシミュレートすることで，意図的に攻撃を誘導するためのシステムである．ハニーポットを用いることで，攻撃者の挙動を解析して攻撃手法を検討したり，攻撃に用いられるマルウェアを採取したりすることができる．

---

† 蜂蜜の壺のように，甘い「香り」で不正アクセスを誘導するシステムの意味である．

Note 情報倫理

情報倫理とは，コンピュータやネットワークを利用する際に生じる倫理的な側面を意味する用語である．情報倫理の分野では，セキュリティ侵害の問題や，著作権の侵害や保護といった知的財産権に関する問題，表現の自由とプライバシーの保護に関する問題など，多岐にわたる倫理的問題を取り扱う．情報倫理の視点は，コンピュータセキュリティにおいても重要である．

章末問題 ••

8.1 現在広く用いられている暗号は，すべてアルゴリズムが公開されている．しかし，アルゴリズムを公開せず秘密にしておいたほうが暗号の安全性が高まるのではないだろうか．なぜアルゴリズムを公開しているか答えよ．

8.2 ハイブリッド暗号の実装例を調査せよ．

8.3 電子署名を用いると，署名者が本人であることを証明することができる．では，電子署名を用いれば，それだけでネットワーク上の商取引を正しく行うことが可能だろうか．考察せよ．

8.4 パスワードには，アルファベットの大文字・小文字や数字，記号などを混ぜて，多くの文字種を使うべきである．この理由を説明せよ．

8.5 生体情報に基づく認証（バイオメトリクス）では，他人受入率（FAR）や本人拒否率（FRR）に注目する必要がある．これらについて調査せよ．

8.6 1988年に発生したモリスワーム（Morris Worm）事件は，インターネット上で最初に発生した大規模なマルウェア感染事例として知られている．モリスワーム事件について調査せよ．

章 末 問 題 解 答

☑ **第 1 章** •••

1.1　① 222　② de　③ 11000000　④ c0　⑤ 10101010　⑥ 170

1.2　① 0111111111111111　② 1111111111111111　③ 1000000000000000

1.3　10 進小数による表現では,

$$(0.1101)_2 = (1 \times 2^{-1} + 1 \times 2^{-2} + 0 \times 2^{-3} + 1 \times 2^{-4})_{10}$$
$$= (0.5 + 0.25 + 0.0625)_{10}$$
$$= (0.8125)_{10}$$

また,16 進小数では

$$(0.1101)_2 = (0.d)_{16}$$

1.4

$$(0.1)_{10} = (0.0001100110011\cdots)_2 = (0.1999\cdots)_{16}$$

1.5

$$(-0.09375)_{10} = (-1)^1 \times (0.09375)_{10} \times 2^0$$
$$= (-1)^1 \times (0.00011)_2 \times 2^0$$
$$= (-1)^1 \times (0.11)_2 \times 2^{-3}$$

よって,

$$s : 1 \qquad e : 11101 \qquad f : 1100000000$$

であるので,ビット表現は

$$1111011100000000$$

1.6　70 72 69 6e 74 66 28 22 48 65 6c 6c 6f 21 22 29 20 3b

1.7　横 7680 ピクセル,縦 4320 ピクセルのサイズのカラー画像（各ピクセルを赤緑青
それぞれ 8 ビットの濃淡値で表現）は,1 枚あたり

$$7680 \times 4320 \times 8 \times 3 = 796262400 \text{ ビット} = 99532800 \text{ バイト}$$

である.60 fps の動画を 10 分間記録すると,

$$99532800 \text{ バイト} \times 60 \times 60 \times 10 = 3{,}583{,}180{,}800{,}000 \text{ バイト}$$

となり,無圧縮では約 3.3 Ti バイトとなる.

☑ **第 2 章** •••

2.1　非ノイマン型コンピュータ,すなわち表 2.1 に示したような特徴をもたないコン
ピュータとして,データ駆動型コンピュータ,ニューロコンピュータ,量子コンピュー
タなどが提唱されている.ただし,20 ページの脚注でも述べたように,現在広く使

われているコンピュータは必ずしも表 2.1 の特徴に縛られているわけではない．とくに表 2.1 (3) の「CPU は，プログラムを順番に一つずつ実行する」については，パイプラインやスーパースカラ，マルチコア，マルチプロセッサ，あるいは GPGPU などの技術によって，本来のノイマン型の特徴に拘束されることなく高速化が図られている．

2.2　以下の解表 2.1 のように実行される．プログラム実行後には，メモリ 0 番地の内容は 00000111 になる．

解表 2.1

命令	命令の意味	実行結果
00000001 00001000	オペランドの値である 00001000 を，CPU 内部のレジスタに取り込む．	レジスタの値が 00001000 になる．
00110001 00000000	レジスタの値をデクリメント．	レジスタの値が 00000111 になる．
00010010 00000000	オペランドで指定した 00000000 番地へ CPU 内部のレジスタの値である 00000111 を書き込む．	00000000 番地の値が 00000111 になる．
10010000 00000000	CPU の停止．	CPU が停止し，プログラムが終了する．

2.3　複数の割り込みを処理するためには，あらかじめ割り込みの優先順位を決定しておく必要がある．先に実行している割り込みよりも優先順位の高い割り込みが発生した場合には，現在の割り込み処理を中断して，後で発生した優先順位の高い割り込み処理を行う必要がある．逆であれば，現在の割り込み処理を続けることになる．

2.4　工場の流れ作業では，複数の人間が工程を分担して並列的に作業を進めることで，工期の短縮をはかっている．この点が，CPU の命令パイプラインの概念と類似している．

2.5　スマートフォンにおいては，マルチコア CPU 採用の目的は高速性よりも省電力化にある．すなわち，高い処理能力を要求される場合のみ複数のコアを使い，それ以外の待機状態などにおいては稼働するコア数を減らすことで，省電力化をはかり，バッテリーの消費を抑えている．

2.6　クロック周波数が 1.2 GHz であり，1 命令の実行に平均 6 サイクルのクロック数を必要とするので，1 秒あたりの命令実行回数は，

$$1.2 \times 10^9 \div 6 = 2 \times 10^8$$

である．1 MIPS は 1 秒間に 10^6 回命令を実行する速度なので，このコンピュータの性能は，

$$(2 \times 10^8) \div 10^6 = 200$$

すなわち，200 MIPS である．

☑ 第3章 ●●●●●●●●●●●●●●●●●●●●●●●●●●●●●●●●●

3.1　（ア）

（ア）：ディスクキャッシュの説明である．

（イ）：キャッシュメモリの説明である．

（ウ）：SSD の説明である．

（エ）：RAID の説明である．

3.2　（ウ），（エ）

フラッシュメモリは大容量不揮発性のメモリであり，比較的低速である．そこで，補助記憶装置（SSD）や外部メモリ（いわゆる USB メモリや SD カードなど）での使用に向いている．

3.3　RAID1 を利用していても，他メディアへのデータのバックアップは必要である．たとえば，操作ミスやウイルス感染などによってデータが失われた場合には，バックアップデータが他メディアに別途保存されていないと，データを復旧することができない．

3.4　ページング方式の仮想記憶において実記憶が不足すると，頻繁にページフォールトが発生して，主記憶と補助記憶装置との間でページアウト/ページインが発生する．この状態を**スラッシング**とよぶ．スラッシングが生じると，システムの処理能力が極端に低下する．このため，仮想記憶を用いていても，ある程度以上の実記憶容量が必要である．

3.5　セグメンテーション方式の仮想記憶を用いれば，複数のプログラムが同時並行的に実行されるコンピュータ環境，たとえばサーバコンピュータやデスクトップコンピュータでは，それぞれのプログラムを独立に安定して実行することが可能である．それに対して，小規模な制御用のコンピュータなどでは単一のプログラムが動作すれば十分であり，セグメンテーション方式を用いる利点はない．

3.6　たとえばデータセンタなどにおいて，大量データのバックアップが必要となる場合には，高機能の磁気テープ装置が用いられる．

☑ 第4章 ●●●●●●●●●●●●●●●●●●●●●●●●●●●●●●●●●

4.1　「接続機器をいくらでも増やすことができる」は誤りである．ハブを用いた多段の階層化は可能だが，接続機器を無制限に増やすことはできない（最大 127 台まで）．

4.2　USB Type-C のプラグ側コネクタは裏表の区別がない点が特徴的である．このため，裏表を意識せずに抜き差しすることが可能である．

4.3　2.4 GHz 帯は，国際電気通信連合（ITU）によって確保されている，産業・科学・

医療向けの周波数帯（ISM バンド）である．本来，ISM バンドは電子レンジに代表されるような，通信以外の目的で電波を利用する場合の周波数帯である．これは，水分子を振動させて加熱する際に 2.4 GHz 帯の電波を用いるためである．

このように本来 2.4 GHz 帯は通信に不向きなため，免許を必要としない通信に割り当てられている．Bluetooth や無線 LAN，RFID タグなどで用いられるのはこのためである．

4.4 たとえばスマートフォンなどでは，指で触れた部分の静電容量の変化を検出して座標を読み取る，静電容量方式のタッチパネルがよく用いられている．公共端末などでは，指でタッチした衝撃を検出する表面弾性波方式が用いられる．

4.5 ペンタブレットのほか，過去にはトラックボールなどが用いられた．

4.6 プロジェクタは，光源からの光を液晶や微小な鏡で制御することで画像を映し出す装置である．

4.7 たとえば，活字を使ってリボンを紙に打ちつけて印字する活字式プリンタや，ペンを 2 次元方向に移動させるとともに上下方向にも動かすことで図形や文字を描画する X-Y プロッタなどがある．

4.8 MIDI（Musical Instrument Digital Interface）は，音楽演奏に必要な情報をディジタルデータとして表現するためのインタフェース規格である．

4.9 同軸ケーブルは，主として高周波信号を伝送するために用いられる，外部導体によって電磁シールドされた円筒状のケーブルである．イーサネットでは，ごく初期の規格で用いられたほか，一部の高速な規格でも媒体として用いられている．

☑ 第 5 章 ●●

5.1 必要とされるオペレーティングシステムの機能をアプリケーションプログラムにすべて組み込んで，電源を入れるとアプリケーションプログラムが稼働するようなコンピュータシステムを構成すれば，見かけ上オペレーティングシステムを用いないシステムを構築することは可能である．ただし実際には，アプリケーションプログラム内にオペレーティングシステムが埋め込まれていることになるため，オペレーティングシステムが不要ということにはならない．

5.2 プロセスを一定時間間隔で切り替えるには，一定時間間隔で信号を発生させるハードウェアが必要である．このようなハードウェアを**インターバルタイマ**とよぶ．インターバルタイマの出力は CPU の割り込み入力に与えられる．オペレーティングシステムは割り込み信号に従って，一定時間間隔でプロセスの切り替え処理を行う．

5.3 フルバックアップは，ディスク装置上のデータをすべてバックアップメディアにコピーする方法である（解図 5.1 (a)）．差分バックアップは，最初にフルバックアップを行ったのち，適当な時間間隔でフルバックアップから更新されたデータのみをバックアップする方法である（解図 5.1 (b)）．増分バックアップは，フルバックアッ

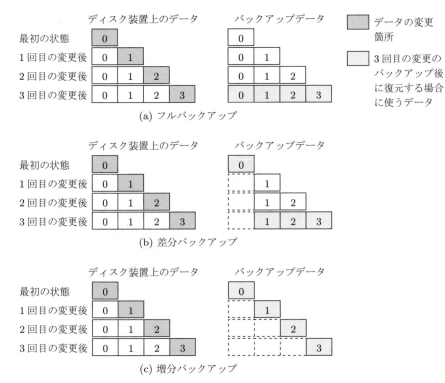

解図 5.1 **フルバックアップ，差分バックアップ，増分バックアップ**

プの後，バックアップを実行するたびに，前回からの変更点をバックアップする方法である（解図 5.1 (c)）．

5.4 ［ヒント］たとえば，テストアンドセット命令や，セマフォ，モニタなどの概念について調べてみよ．

5.5 プロセスが実行中となるのは，オペレーティングシステムがスケジューリングアルゴリズムを用いて，実行可能状態のプロセスからプロセスを選択した結果である．このため，実行可能状態以外の状態（つまり待ち状態）から実行中の状態に遷移することはない．

5.6 一つのプロセス内で複数のスレッドを利用する場合，同一のメモリ空間内で複数のスレッドが動作するので，共有資源の排他制御をアプリケーションプログラム自身で管理しなければならない．たとえばメモリのアクセスについて，データの更新時には特定のスレッドのみが更新対象となる領域にアクセス可能となるような排他制御の仕組みを実現しないと，データを正しく更新できなくなる場合が生じてしまう．

5.7 三つのプロセスは，解表 5.1 のような順番で実行される．プロセス C は 12 ミリ

秒後に終了する．この間，12 ミリ秒のうち 11 ミリ秒について CPU が利用されているので，CPU 使用率は，

CPU 使用率 = 11 ÷ 12 × 100 ≒ 91.7

から，約 91.7% である．

解表 5.1

時刻 [ミリ秒]	プロセス A	プロセス B	プロセス C
1	CPU 処理		
2	入出力処理	CPU 処理	
3	入出力処理	CPU 処理	
4	入出力処理	CPU 処理	
5	入出力処理	入出力処理	CPU 処理
6	入出力処理	入出力処理	CPU 処理
7	CPU 処理	入出力処理	入出力処理
8	CPU 処理		入出力処理
9		CPU 処理	入出力処理
10			入出力処理
11			CPU 処理
12			CPU 処理

☑ 第 6 章

6.1　コンパイラ方式が有効なのは，処理の高速性が求められる場合である．一般に，コンパイラによって生成された機械語プログラムの実行速度は，ソースコードをインタプリタによって実行する場合と比較して高速である．インタプリタ方式が有用なのは，プログラム開発を柔軟に行いたい場合である．この場合には，実行速度よりも開発の期間短縮が求められる．

6.2　たとえば，C 言語のコンパイラである gcc では，-S オプションを与えることでアセンブリ言語のプログラムを確認することができる．解図 6.1 にその例を示す．

6.3　JIT コンパイラは，実行時にバイトコードの一部を機械語に変換して，バイトコードを機械語として高速に実行する．こうすることで，インタプリタで実行した際の処理時間の遅延を回避している．

6.4　特定の属性を取り出す演算は，射影演算である．

6.5　図中，アボート処理中からコミット処理中への状態遷移（解図 6.2 中の×を付けた矢印）は発生しない．

```
$ cat hello.c          ← cat コマンドで hello.c
#include <stdio.h>        プログラムの中身を表示

int main()
{
    printf("Hello,world!¥n") ;
}

$ gcc -S hello.c       ← -S オプションを与えて hello.c
                         プログラムをコンパイル

$ less hello.s         ← hello.s ファイルにアセンブリ
        .file    "hello.c"   言語のプログラムが格納される
        .text
        .section      .rodata
.LC0:
        .string "Hello,world!"
        .text
        .globl  main
        .type   main, @function
main:
.LFB0:
        .cfi_startproc
        endbr64
        pushq   %rbp
        .cfi_def_cfa_offset 16
        .cfi_offset 6, -16
        movq    %rsp, %rbp
        .cfi_def_cfa_register 6
        leaq    .LC0(%rip), %rdi
        call    puts@PLT
        movl    $0, %eax
(以下，出力が続く)
```

解図 6.1　アセンブリ言語のプログラムの確認

解図 6.2　トランザクションの状態遷移．アボート処理中からコミット処理中
　　　　への状態遷移は発生しない．

6.6 コンパイラによる実行には，

$$500 マイクロ秒（コンパイル時間）＋ 100 マイクロ秒（機械語の実行時間）$$
$$= 600 マイクロ秒$$

を必要とし，インタプリタによる実行には，

$$100 マイクロ秒（インタプリタの起動時間）＋ 1 ミリ秒（プログラム実行時間）$$
$$= 1.1 ミリ秒$$

を必要とする．

☑ 第 7 章 ●●

7.1 たとえば，パケットが運んでいるデータの大きさや，エラー検出およびエラー訂正のための情報が必要である．また，運んでいるデータの種類や，パケットの処理に関係する上位プロトコル名が必要となる場合もある．さらに，通信の制御に必要な情報が含まれる場合もある．

7.2 送信元アドレスや宛先アドレスなど原理的に必須の項目のほか，IP データグラムの制御に必要な項目が含まれている．しかし中には，Type of Service のように，ほとんど利用されていない項目もある．

7.3 パケットに寿命がないと，たとえば，ルーティング情報に誤りがあった場合，パケットがいつまでもネットワーク上に滞留してしまい，ネットワーク資源を浪費し続ける可能性がある．パケットに寿命をもたせることで，こうしたパケットを除去することが可能になる．

7.4 たとえば，ネットワークを介してパケットが伝送される際，送受信者が変わらなくても異なる経路を通ってパケットが運ばれる場合がある．この場合，伝送に必要な時間は経路によって異なるため，先に送出したパケットが後から到着する可能性がある．

7.5 DNS のネームサーバに IP アドレスとドメイン名の対応関係を登録したり，必要に応じて対応関係の修正や削除などの管理作業を行ったりするのは，通常，ネームサーバの運用を含めたネットワーク全体の管理を担当している組織自身である．つまり，自組織のネットワークについての情報を，自組織の運用するネームサーバに登録し管理するのである．

7.6 どのコンピュータを使っても同じユーザ ID とパスワードでログインできるようにするためには，NIS や LDAP などのプロトコルを利用することができる．また，自分のデータをどこでも利用できるようにするためには，NFS や CIFS などのプロトコルも必要である．

7.7 IPv4 の IP アドレスが 32 ビットで表現されるのに対して，IPv6 では 128 ビットで表現される．したがって，その比率 [%] は，

$$\frac{2^{32}}{2^{128}} \times 100 \fallingdotseq 1.26 \times 10^{-27} \, [\%]$$

である.

☑ 第 8 章 •••

8.1　暗号のアルゴリズムを公開して多くの研究者がそのアルゴリズムを検討することで, 暗号の弱点や不具合を見つけることができる. 逆にアルゴリズムを公開しないと, その暗号がどういった性質をもっているかや, 弱点がないかどうかを知ることができず, 安心して利用することができない.

8.2　たとえば Web の ssl (tsl) や, セキュアなリモート端末プロトコルである ssh で用いられている.

8.3　電子署名だけでは, 署名した相手が実在する個人あるいは組織であることは保証されない. 相手が実在することを保証するためには, 認証局とよばれる第三者による認証の仕組みが必要である.

8.4　パスワードの安全性は, パスワードとして利用できる文字列の多様性によって保証される. 文字種が多ければ多様性が増すので, 安全性も向上する.

8.5　他人受入率 (FAR) は誤って他人を本人として受け入れてしまう割合であり, 本人拒否率 (FRR) は本人を他人と誤認して拒否してしまう割合である. 他人受入率も本人拒否率もなるべく低いことが望まれるが, 一般に両者はトレードオフの関係にあり, 同時に改善することは困難である.

8.6　モリスワームは, 当時のインターネット接続端末の約 10 % にあたる 6000 台のコンピュータに侵入したといわれている.

参考文献

　本書の内容からつぎの段階に進む際に参考となる，入手しやすい書籍を以下に挙げる．

[1] 橋本洋志ほか著，「図解コンピュータ概論［ハードウェア］改訂 4 版」，オーム社，2017

[2] 橋本洋志ほか著，「図解コンピュータ概論［ソフトウェア・通信ネットワーク］改訂 4 版」，オーム社，2017
　コンピュータシステム全般についての，やさしい教科書．図表を多用しており親しみやすい．

[3] David Patterson, John Hennessy 著，成田光彰 訳，「コンピュータの構成と設計 MIPS Edition 第 6 版（上下巻）」，日経 BP，2021
　CPU やメモリシステムなどについての，広範で具体的かつ詳細な記述を含んだ大部の教科書．仮想マシンや仮想記憶などについても言及がある．

[4] 毛利公一 著，「基礎オペレーティングシステム：その概念と仕組み」，数理工学社，2016
　オペレーティングシステムについて易しく解説した入門書．

[5] 中尾真二 著，「ネットワークのしくみと技術がこれ 1 冊でしっかりわかる本」，技術評論社，2022
　ネットワーク全般に関する平易な解説書．

[6] 面和成 著，「入門 サイバーセキュリティ 理論と実験」，コロナ社，2021
　ネットワークセキュリティ，ブロックチェーンなど，セキュリティのさまざまな話題について幅広く扱った入門書．

索引

著者略歴

小高知宏（おだか・ともひろ）

1983 年　早稲田大学理工学部 卒業
1990 年　早稲田大学大学院理工学研究科博士後期課程 修了
1990 年　九州大学医学部附属病院 助手
1993 年　福井大学工学部情報工学科 助教授
2004 年　福井大学大学院工学研究科 教授
現在に至る
工学博士

わかりやすいコンピュータ概論

2023 年 10 月 23 日　第 1 版第 1 刷発行

著者　　　小高知宏

編集担当　村瀬健太 (森北出版)
編集責任　宮地亮介 (森北出版)
組版　　　双文社印刷
印刷　　　丸井工文社
製本　　　　同

発行者　　森北博巳
発行所　　森北出版株式会社
　　　　　〒 102-0071　東京都千代田区富士見 1-4-11
　　　　　03-3265-8342 (営業・宣伝マネジメント部)
　　　　　https://www.morikita.co.jp/